新周刊 出品

川菜的
味道美学

辣椒真味

石光华 著

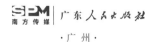

SPM
南方传媒 | 广东人民出版社

·广州·

图书在版编目（CIP）数据

川菜的味道美学 / 石光华著. —广州：广东人民出版社，
2023.9
ISBN 978-7-218-15631-6

Ⅰ．①川… Ⅱ．①石… Ⅲ．①川菜—文集
Ⅳ．① TS972.117-53

中国版本图书馆 CIP 数据核字（2021）第 273926 号

CHUANCAI DE WEIDAO MEIXUE

川菜的味道美学

石光华 著

出 版 人：肖风华

总 策 划：孙 波
项目监制：蔡 彬
责任编辑：钱飞遥
项目执行：周 秦
特约编辑：邹蔚昀
责任技编：吴彦斌 周星奎
装帧设计：黄 东
图片编辑：钟 智

出版发行：广东人民出版社
地 址：广州市越秀区大沙头四马路 10 号（邮政编码：510199）
电 话：（020）85716809（总编室）
传 真：（020）83289585
网 址：http://www.gdpph.com
印 刷：广州市豪威彩色印务有限公司
开 本：890 毫米 ×1240 毫米 1/32
印 张：8.25 字 数：192 千
版 次：2023 年 9 月第 1 版
印 次：2023 年 9 月第 1 次印刷
定 价：48.00 元

如发现印装质量问题，影响阅读，请与出版社（020-87712513）联系调换。
售书热线：（020）87717307

目录 CONTENTS

序　我学川菜20年

从写第一篇说吃食的文字，到现在，已经过去20年了。老老实实说，20年中的大半段时间，我基本上是在川菜的门外转圈。虽然，2004年，出了一本《我的川菜生活》；2017年，又把10多年中断断续续写的一些文章，凑了一本《我的川菜味道》，聊补久无新著之虚。但严格来说，那两本书于川菜，并没有多少新识独见，还能卖点，还有一些读者喜欢，不过是因为当时写饮食的读书人不多，我占了一点先手的便宜。

便宜占多了，占久了，总归是要还的。拖着不还，就成老赖了。老赖不好，大家不喜欢，我自己也不喜欢。何况我得了读者那么多鼓励和支持，得了川菜那么多恩惠，心怀感激，就该有所回报。哪怕这份回报，尽己所能，也只有点滴。

我能做一些家常菜和对食物比较敏感的原因，在前两本书的自序里，都絮叨过了。但现在，以研习川菜为学业，为生计，真是缘起一个偶然。

还记得那是2001年冬天，有一天，突然接到刘太亨的电话。太亨是我最好的兄弟之一，做人、写诗，都是我喜欢的路子。他是彭山人，读大学到了重庆，毕业后，便留在山城，至今还在那里，算得上是一个重庆人了。他电话说，在重庆开了一家馆子，取名叫"香积厨"（后来，李亚伟在成都开餐厅，懒得想店名，就愉快地拿来用了。当然，太亨也很愉快，亚伟、太亨也是兄弟）。"香积厨"本是和尚尼姑吃饭的地方，我这个大酒大肉的兄弟，开一家卖酒卖肉的馆子，竟然借用了这么一个清素的雅号，当时听了，心里想，果真是诗人。诗人用词，经常鬼使神差，是断断不能从常理去推解的。不过，"香积厨"这个典故里，包含着饭香满城、众生欢喜的意思，我想，太亨要的，可能就是这个饮食与生意的善缘吧。

彭山，是彭祖悠哉游哉的洞天福地。据传，彭祖寿八百，妻百女，太亨暗中得了多少彭祖的仙传，他没说，我不问。不过，他开馆子，还真算与家乡的那个老寿星有了点瓜葛。屈原的《天问》中说："彭铿斟雉，帝何飨？受寿永多，夫何久长？"彭铿，就是彭祖，传说中，尧帝病危，是彭祖做了一道鸡汤，救了尧帝的命，并因此受封当官。再联想起厨祖伊尹也用"以鼎调羹""调和五味"的厨理治理天下，看来为厨与从政，其理相通。现在，把餐厅厨房的管理，叫做厨政，是否还有一点以厨为政的意味？不管怎样，彭祖该是炖鸡的老祖宗了，太亨做餐饮，勉强算是承了老人家饮食的遗脉。有趣的是，后来彭山的招牌美食，却不以做鸡出名，出名的反而是做鸭子。彭山的甜皮鸭子，零吃香嘴，下酒长量，可与兄弟共。

太亨电话里说，他的馆子印了一本小册子，搜罗了一些说吃说喝的文字，提供给客人候餐时闲读。他想我天天在家做饭，算是他写诗的朋友中，可以做几个菜的人。那个本册子每月一期，他想请我写篇小文章，让一本的摘抄里，也算有点新鲜的东西。兄弟有请，自当从命。于是，我把一个听来的"清炖牛肉"的故事，写成了一篇千字短文《牛肉加萝卜等于美食主义》。文尾提到的陈青云，是重庆的老一辈川菜大师，写他的名菜，顺便顾应了太亨馆子在重庆的地利。

说起青云大师，又忍不住要闲提几句：陈青云是重庆合川人，自小学的是川菜，但他立业成名的地方，却是一家叫"粤香村"餐厅。而在一家卖粤菜的餐厅，让他名扬渝都的，又是川味的三大汤品。清炖牛肉汤、清炖牛尾汤、枸杞牛鞭汤，皆配以红油豆瓣蘸碟，汤色清澈透亮，油润味浓，蘸碟麻辣咸鲜酥香。不仅成为这家餐厅的当家招牌菜，还以川式经典汤品之誉，收录进1961年出版的《中国名菜谱》川菜专辑。青云大师早已仙去，但他改川代粤、融川粤菜艺精华而自出新意的厨艺之路，正是近现代川菜融南汇北、破茧化蝶的缩影。传承为本，融合为法，创新为魂，青云大师的一道汤品，无上滋味中，蕴含的是川菜的微言大义。遗憾的是，菜随人去，现在，不知还有何处何人，能重现经典于当世？倘若还有，也不知几人能品出包含其中的一个菜系的深韵。

不过，写那篇短文时，我既不知晓这碗牛肉汤牵扯的人史曲折，更没有从一道菜理解菜系文化的修养学识，甚至连"粤香村"都误记成了"荣香园"。初涉川菜的我，那张貌似内行的脸，文学的粉底下，遮掩了多少虚肿和青涩。

想不到的是，那篇短文，太亨后来说，看了的客人大多说好。可能是我写得比较具体，基本讲清楚了炖的方法，但又不是菜谱，读起来似乎比菜谱有趣一些。其中还有点小窍门，例如：牛肉氽水后，不能再遇冷水，要趁热放入水已近乎滚沸的陶罐中起炖；牛肉炖好后，萝卜不要直接加进去煮，最好舀出一部分肉汤，另煮萝卜，煮好后，再与牛肉合盛一碗，灌入原汤上桌。这些小注意，菜谱上一般不会细讲，也许是写菜谱的大厨藏私，也许是觉得不重要。我之所以写这些，一是我对川菜真的所知甚少，不写这些，就没多少内容把龙门阵摆长；二是，一道菜怎么做，定线拿脉的基本方法，一本又一本菜谱已经反反复复讲得明明白白了，读者感兴趣，自会买来学习，我再重复，既涉嫌抄袭，又浪费笔墨。若写菜谱无暇顾及的一些细节，大家可能会觉得多少有点意思。

说到此处，读者可能疑惑，我一个只在家里做点小菜的读书人，又从何处知道这些做菜的细枝末节？其实，在写那篇牛肉汤的文章之前，我有幸认识了一位老人，叫李树人，在四川餐饮界，他很受敬重。他所创办的四川省美食家协会，是国内第一家，他的办公室，除了有许多大大小小的餐饮店老板进出外，还经常有一些川菜的顶级大师在那聚会。李老喜欢写字，也会做旧体诗词，所以，对我这个写诗的后辈，关爱有加。我无事爱在那里听他们聊天，便多多少少知道了一些川菜的旧闻掌故。协会的秘书长是一位有大家风范的女士，芳名麦建玲，多年辅佐李老，如今接掌了协会，创意策划"成都十大名宴""天府名宴"等一系列美食盛举。在我心中，她是美食巾帼。

我爱做菜，有这么多身负绝艺的大师和行家当前，自然会经常请教一些问题。这些名满业界的大师和餐饮行家，对我之问，从来有耐心，不藏私，甚至以平辈待我，长久而经常地受教受益，便是我起笔写菜不至于露出外行的尾巴，还多少能说得靠谱的主要原因。在我20年的川菜研学中，一直得到他们无私的指导和帮助，在这一点上，与很多写美食的同行相比，我是幸运的。所以，虽然许多川菜的大师名宿对我从不以师长居位，但在我心中，我永远都是他们的学生。对李老，对这些实至名归的大师们，我心怀感动，长存感谢。我感到，有他们在，川菜就稳当；

有他们在，我研学川菜就踏实。

写那篇食文的时候，我靠给一些报纸杂志写点东西糊口。但我文思笨拙，还眼高手低，懒散慵倦，换回的笔资不多，经常入不敷出。那时，我恨不得把写的每一个字，都变成钞票。自然，牛肉汤文，也断断不能只是趴在纸上的字句。那是1000多字啊！若换得银子，够我三口之家吃几顿牛肉了。于是，我得到太亨说客人喜欢的反应后，便将该文发给了一家报纸的编辑，并试探地问：这类说吃说喝的闲文，能否刊用？谁知很快就得到了回复，并希望我以后就给他们写美食的文章。写稿为生，常为不知写啥合适伤脑筋，人生就那么点故事，肚子里就那么点墨水。不敢说自己是江郎才尽，得先是江郎，然后才说得上才尽不尽。江郎是谁？那是江淹，一篇《别赋》压卷千秋。"黯然销魂者，唯别而已矣。"就凭这一句，才尽完，我辈见了，也只能高山仰止。现在可以写吃吃喝喝，顿时觉得手脚松快，道路宽阔。活了40多年，别的经历不多，但一日三餐，买菜做饭，多少有些吃的感受、做的心得；何况身边还有大师们可以随时拜问，应该不用再愁笔下无料了。于是，"伙食中找伙食"，人到中年，半生的梦想与情怀，最终还是在锅碗瓢盆的真切、日常烟火的温暖中，延续它们的呼吸视听。

可以这样说，我入行川菜，正式起于太亨的约稿。哥们儿可以是拿来麻烦的，但更珍贵的，是有意无意间，就是解难破困的一条路。我给太亨说谢谢他，他说当时是请我帮他。天心大公，友情至善，我帮他一个顺手小忙，他却为我打开了另一扇人生大门。帮人就是帮自己，此言果真不虚。

从此，吃饭时，多了一分打量；做菜时，多了一分用心。往日与朋友们吃馆子，嗨喝神侃，转台而去。有了饮食为文的活

序　我学川菜20年

路，也就不免要对桌上的菜，说点咸淡老嫩。过去，在李老那听大师们说菜，他们随口说，我也是顺耳闲听。要写菜换吃，自然便抱了专心听讲的学生态度，也常常以惑求解。研学川菜20年，一路走来，若无他们的指导、提携和认可，可能到今天，我还在川菜的门外打游击。现在，李树人老人家，史正良老师，蓝其金老师，已经仙去。每想到他们对川菜的贡献，想到对我的好，久悲难逝之余，更多的是承志前行的勇气和心念。

刚开始写饮食文章的时候，因杂志报纸专栏所需，只能是千字文。微言大义，那是圣人的本事和境界。而我是个话痨，我写诗力求简洁，但一写散文，便觉得是在说话。说话嘛，知无不言，言无不尽，不畅畅快快说够，憋得慌，不过瘾。加之我虽是闲懒之人，但做事求知，却喜欢较真。说其然，就定要说其所以然，即使往往说了半天，也难得说明白事物的究竟。幸好饮食的事情，大多是生活小事，虽然民以食为天，毕竟还是吃喝，说错了，说得不好，也坏不了纲常大道。于是，我便由着性子，想写多长写多长，它是文章，也是龙门阵。一根葱，葱花、葱弹子、葱段、葱丝、鱼眼葱、马儿朵葱……都玲珑可喜；一颗蒜，烧炒蒸拌，生熟皆有妙味；而一块姜，几乎贯穿了整个川菜。调味之物，盐为君，姜为相，它赋予我们一生饮食的辛香和温暖，草草千字，岂能诉我欢喜与感念之情。更何况为了不以想当然为所以然，还得老老实实地买来很多川菜的书籍，查阅能找到的文献资料，认认真真地了解和学习。再有大师前辈们的指点与解惑，一个博大精深的菜系，在我面前渐渐展开。即便我只是在它的门缝窗格外，狭窄而模糊地晃见二三隐约的形色，也足以让我千思万绪。下笔写来，东不舍，西难弃，恨不得把所感所知，都抖落出来。所谓半罐水、响叮当，该就是我那时的心态和样子。当然，我至今仍然是半罐水，对于川菜相连的万物，对于其中蕴含的技艺、艺术和文化，对于三千川菜的浩荡与精微，穷尽我已经不多的余生，能把所见的部分，大概看清楚，说明白，此生足矣。

为糊口所需的千字文，没专写几篇。专栏催稿子了，只好偷奸耍滑，从正在写的文章中，辑选一段，再添头续尾，取个乖巧的标题，便是一篇马虎可以填上版面空白的豆腐干文章。就这样，一边拼凑短文应付报刊的稿需，也换些笔资度日；一边顺己所想，学读查问，乃至动手实操，尽我所能把所叙之题写得具体周全和透彻一些。本是写诗的人，饮食又是生活的基本，与家人朋友，与自己的身心牵连至深，于是，有感受，有趣味，有情之所至。虽遵圣人之训，不敢巧言令色，但朴素而细致的饮食生活，其中的生动和温暖，始终滋养着笔下的文字。

人本懒散，加之对川菜所知甚少，写了两年，总算有了一些篇目，勉强凑成一本书，不至于过分寒碜。幸得老朋友万夏有心，在我才写了几篇的时候，就说他来帮我出版。他做出版做得很好，出了许多品质不俗的好书，在业内多有美誉。我的文稿初成之后，他又专门选了一个摄影师，辗转川渝滇黔，根据文章内容所需，拍摄了大量的照片。排版设计的初样出来，他觉得不够理想，最后，竟然劳累万夏夫人黄莉，亲自为我的文字，从图库和专门拍摄的照片中，一幅一幅地挑选。一本薄书，从选图、配图，到封面和版式设计，让一家著名出版公司的老板和老板娘，亲力亲为，费心动手，能有如此待遇的作者，可能少之又少。我知道，不是我的书有多么重要，是朋友之情使然。我和万夏都是诗人，是中国当代第三代诗歌历史的见证者和参与者。这段深刻改变了中国诗歌面貌、至今仍在影响未来的历史，他是其中重要的发起者和推动者之一。我们从80年代初开始，一起青春纵酒，诗志惟新，到我那本为稻粱谋的菜书完稿，已有20年的友情。他和黄莉之所以这样厚待我那寥寥10余万字，无他，情义也。书以《我的川菜生活》之名出版后，几乎所有人，都对封面及内文版式的设计交口称赞。那本书能被许多读者喜欢，得益于图片与版式甚多。因为这本书的影响，我开始被川菜业内一些人认识和接受，也得到国内美食界一些名家的首肯，总算有了一个可以专心学习和研究的实用学问，有了一个谋生的行当。此处，给万夏和黄莉说一声：谢谢了，哥们儿！

书出了，浪得虚名了很多年。觉得自己是一个研学川菜的人，开始于10来年前，我通过李树人老人，认识了早已久闻大名的史正良大师。有一次见面喝茶，相谈甚欢，他突然给我说："光华老弟，很多年了，我一直在想一个事情，有一些想法，不知道当说不当说。和你说说，可以不？"

虽然，我们川菜领域中，那些硕果仅存、名满业界的大师们，因为对读书人的尊重，都与我平辈论交。但在我心中，既是大哥，更是师长。史正良是他们中和我性情特别投缘的长兄。他这样纡尊降贵地问我，真吓了我一跳。我赶紧说："大哥，对我你不要客气，想说什么，就说什么。我都好好听着，好好记着。"

史正良停顿了一下，然后说："我从厨有几十年了，特别爱川菜。关于川菜，有三句话，12个字，你应该早知道了。就是大家最爱讲的：百菜百味，一菜一格，擅长麻辣。过去，我也觉得这三句话很霸气，给川菜长脸。但是，做菜多了，走的地方、见的东西多了，慢慢觉得，这12个字，好像只有最后4个字——擅长麻辣，在说川菜的特点。前面8个字，当然，川菜也是的。但难道别的菜系就不是？难道别的菜系就是百菜一味、百菜一格？"

我虽然在写川菜的饮食文章，也思考一些川菜的现象。但是，我从来没有想过这业界内，当着真理一样说着的三句名言，有什么问题。听史正良大师这么一说，再一琢磨，便也觉得不妥。不同的菜式菜品，各有不同的味道特点，这是各大成熟菜系共有的品质。只不过，"百菜百味，一菜一格"8个字，是川菜抢了先，最早用来宣扬自己。但是，先用了，就真只有自己是了吗？想秦末时，楚怀王与各路反秦诸将相约："先破秦入咸阳者王之。"后来，刘邦先入了咸阳，却不敢依约称王。幸好他没敢，敢了，鸿门宴上，就死得很惨。现在，川菜业界很多人，动辄就津津乐道，甚至洋洋得意地搬出这8个字，似乎这是川菜的独家本事。幸好，先于川菜成型成系的其他几大菜系，没和我们论先较真。不然，真论起来，川菜会有些尴尬。更要命的是，我们自认为提纲挈领、精炼精辟的理论概括，被史正良看出了破绽，以后，我们川菜拿什么说自己？

史正良说："我自己也总结了12个字，但不敢对外讲。光华老弟，你是文化人，我给你说，你帮我推敲一下，看有没有毛病，准确不准确。"

史正良于我，既是大师，又是大哥，我们互相以本性本心相交，随意直接。我赶紧说："太好了，你讲。"

史正良神情严肃起来，他一字一顿地说："清鲜为底，麻辣见长，重在味变。"

随着他说出，说完，一字一声犹如一股电流，从我脑袋里穿过，我被震住了。我站起来，走向他，激动地说："史大哥，太好了！我想拥抱你！"大哥一听，哈哈大笑，连说："好！好！抱一个！"

一个60多岁和一个50多岁的老男人，就这样，为了川菜而拥抱。坐下后，他又讲了讲大致的意思，其中一句，我至今仍在深思，一直没有得到全解。史正良大师说："连麻婆豆腐都要吃到清鲜的底味。"

史正良大师的这12个字，以味道为核心，设计构建了川菜的顶层理论。以清鲜的味道基础，麻辣的味道特色，强调变化的味道追求，让我们的川菜，终于有了第一次精准完整的表述。令人伤痛的是，不久后，在一次偶发事件中，史正良大师突然离世了。也许，至今许多人还不知道，他的撒手人寰，是中国川菜多么巨大的损失。因为，他集大半生厨道求索、探究而出的川菜思想，还没来得及诠释展开，并付诸实践。这12字精辟的概括，蕴涵的是怎样丰富、深刻，甚至开创性的内容？大哥还没有告诉我，大师还没有传教给他的传人，没有展示于世。

史正良大师是在夏末的一场大雨中离开的，从那天到现在，已经快8年了。在我心中，那场大雨似乎始终没有停过，雨中，似乎不断传来大师那12个字、一字一顿的声音：

"清鲜为底，麻辣见长，重在味变。"

从那以后，我不断地思考这12字，我越来越强烈地感受到，他留给川菜，留给他的弟子们，留给我的，发现并揭示出了构建和展开一个伟大菜系的底层逻辑。当然，我知道，与史正良同辈的一些大师，像我熟悉并敬重的卢朝华、王开发、张中尤、彭子渝、蓝其金等几位大师，还有川菜的第一个女大师杨文女士，他们也以自己的实践和成就，承上启下，贡献卓著。现代川菜的历史景象如此丰富和辉煌，他们功不可没。但史正良却给我对川菜的理解，开启了更深远也更广阔的方向。

从那以后，我给自己的研学，确定了一个目标：初步梳理和叙述川菜的味道谱系。虽然，我这是不自量力，属于不知天高地厚的胆大妄为。虽然，我知道，这不仅需要川菜整个菜系的知识，从菜品到烹饪技艺，从历史到现状，还需要人文和自然各个学科的知识及理论准备。

后来，我见着了史正良的高徒兰明路，40余岁的他，已经是名满业界的大师。又和川菜一些中生代大师有了更深入的接触和交往，像张元富、徐孝洪、陈天福、许凡、王正金几位。虽然，他们都各自有自己的餐厅，甚至是集团规模的公司，是老板，但我感觉到，他们还一直是厨师，始终没有忘记自己的本业本心，一直在川菜的天地中，敬心传承，竭力创新。

相较他们的师辈，这一代年轻时投身厨道、中年时名业双兴的川菜人，天地人三恩皆得。除了他们几乎都比前辈多上了几年、甚至更多年的学堂不说，仅仅是人们对厨业的尊重与日俱增这一条，就让原来归入三教九流中"水市行当"的厨师，抬头挺胸，再也用不着见人低三分。

现在，老一辈川菜大师们，已经完成了他们一代人的历史使命。从万福桥头民间陈麻婆那碗"麻辣鲜香烫嫩酥润"的豆腐、1911年蓝光鉴创办的"荣乐园"开启的中国近现代川菜，历经百年筚路蓝缕、栉风沐雨，在这一代川菜人的手中，终成大系，荣耀天下。他们受到后辈和世人的敬重，受之无愧。

诗圣杜甫有诗喻世："无边落木萧萧下，不尽长江滚滚来。"现在，已经到了该中生代大师们接班领军的时候了。历史发出了召唤，子弟正在集结。我有幸被前辈大师们接纳为同代，20多年受益匪浅；但在年轻一辈大师们面前，不敢以长者自居，在我心中，他们是朋友，甚至是兄弟。虽然，兰明路这些年都叫我"师父"，其他大师名厨，也叫我"老师"，但于我而言，我与他们，都应该为了川菜，也是为了中国饮食文化的正本清源和日新月异，心怀谦卑与梦想，倾力而为。在这个意义上，我与他们，虽不至于歃血为盟，却志同于业，义结于心。

张元富潜心传承，渴望重现传统川菜的经典和小煎小炒的技艺；许凡深研川菜的24基础味型，以新食材和新菜式，为川菜守正固本；徐孝洪专注于食物的发酵，这是千秋百代中国饮食烹艺与文化的重镇高地，也是川菜绝世风味的镇系重器；陈天福返本寻根，像一个"食材月老"，从认知理解到研究试验各种食材的搭配与烹饪，追求精准处理和绝配，要以川菜的"食材之书"，呈现人间美食"金风玉露一相逢，便胜却人间无数"；王正金对川菜至味，则如一位深情专一的君子，执着于一料之极，穷究于一味之变，已有"千古一味"的"花椒雅宴"，要为独尊天下的古蜀三椒，成正果，到圆满。

兰明路叫我"师父"，对于这个称呼，我一直开心又惶恐。被这样一个名艺双绝的好厨师认同为至亲长辈，尊称为师为父，悄悄藏在心底的虚荣心自然得到了极大的满足。但我于川菜，尚且还是诚心研学的学生，能拿出多少知识文化的"真金白银"，为明路"传道、授业、解惑"？因此，我更多是"名不副实"的惶恐。幸好我比明路多读了一些书，多活了10来年；幸好我从明路恩师一辈的老一代大师们那里，明问暗听了一点川菜的真知灼见；幸好我根子上是一个诗人，诗感和诗意经常带我在川菜世界里曲径通幽，偶遇柳暗花明。当然，更幸运的是，兰明路是一个有天赋、又勤奋、对川菜挚爱的厨师，名义上我是师父，但受益更多的，真还是我。明路给自己的要求极高，定下了"世界食材，川菜味道，国际表达，个人风格"的烹艺之调。他和我都深知，上天在史正良说出川菜12字箴言后，突然收回他的师父、我的大哥，就是要把理解、诠释、实践和呈现于世的使命与光荣留给我们。我给明路说："一个底，一个长，一个变。12字，字字珠玑，但这三字，字字近道。我想把12字深含的博大精深，大致写写，千言万语不足明义；你要把12字内蕴的川菜真意，初步做做，百菜千品不足尽妙。圣人有训：任重道远，死而后已。"

有明路在，有这些川菜接班领军的中生代大师群体坚守图新，我的川菜研学，才有底气，才有未来。

在我心中，数千万年前，喜马拉雅大崛起，九天开出一成都，让四川拥有了从高原到平原、从炎热到严寒、极为丰富和多样的地貌与气候，物产由此极丰。两千多年前，李冰父子由秦入蜀，率蜀人先修筑都江堰，从此水旱从人，不知饥馑；再凿井取卤，于是花盐滋川，百味有本。然后，举世无双的川盐与同样举世最好的川椒、川姜三绝联袂，这是上天给人间创一个"尚辛香，好滋味"的美食叫川菜，造一个美食天堂叫四川。100多年前，蓝光鉴、黄晋临两大宗师上承两断两兴的千秋川菜，融汇华夏各大风味，开创出海纳百川又自成长河的近现代川菜，这是历史，命定川菜要成为中国的文化经典。

一个多世纪，三代川菜人，取法天下，融艺四海，寻源民间。创名菜，制宴局，定味型，授高徒，勾沉发微，继往开来。一个最具人间烟火与平民精神、最为追求味道丰富与变化、最能表达中国文化智慧的伟大菜系，在巴山蜀水的锦绣河山中，让世界的味觉夜不能寐。如今，松云泽之张元富，柴门之陈天福，银芭之徐孝洪，南堂之王正金，许家菜之许凡，明路川之兰明路……第四代川菜人已经执掌川菜江山，我受恩于川菜，愿以余生，以大半生所学，以薄才拙思，与他们砥砺同行，我的研学，若有些许能帮助到他们，能有益于当代川菜迭代升级，那就是我此生之幸，足以含笑瞑目。

6年前，我个人选择了川菜最有代表性也最有特色和魅力的

10种味型，定向入手研学。它们是左以辣椒为主味的辣子味开始，继而泡椒味、红油味、酸辣味；右以花椒为主味的椒麻味起始，继而家常味、干烧味、鱼香味、怪味；当中国古有的花椒，与美洲传来的辣椒本主相遇，倾情相融，便是世界饮食史上惊艳绝世的大味巅峰——川菜独步天下的麻辣。原本想，凭自己那点尚未登堂入室的川菜浅学，努力一点，谦虚一点，边学边思，每种味型，撑着写一两万字，15至20万字，勉强凑成一本书，然后再夸大其词又虚张声势取个书名，也许还能卖点本数，继续拈点伙食，也不算糊弄读者。谁知我们的川菜竟如此弘阔深厚，犹如"一入侯门深似海"，混入川菜之门，方知自己是井底之蛙刚刚跳出来，又秒变成望洋兴叹。

变都变人了，就得活下去；进都进门了，就得学下去。知其难，鼓其勇，恒其心。正因为川菜辽远博大，我深知再给我三辈子，也不可能穷尽，反而安下心来。虽然步履维艰，但走一步是一步，但一定要把每一步走踏实。于是，5年前，借《新周刊》专栏约稿的机缘，每月两篇，便又踏上川菜的文路了。

遥想当年抗战，国家危亡之际，几百万川军报国出川，脚下拖双烂布鞋甚至草鞋，肩上扛的是老套筒步枪甚至砍柴刀，每战必大战、恶战、死战，川军将士以尸山血海，筑长城，立尊严，守国土。那是旷古绝今的悲怆艰难，而我的先辈们义无反顾，死志赴难。我研学一下川菜，安安稳稳地写点吃喝的文字，虽有学浅之困，识短之惑，题大之难，但与先祖英烈们血肉保江山的亡行死举相比，我想，连渣渣灰灰都不算。我知道，说饮食男女的一日三餐，却扯上国家民族的慷慨悲歌，我真是很扯淡。但我是一个川人，大川菜自有文化大义，有家国情怀。视难为途，寻难而行，除难成业，当是川人骨子里的血性与豪气。上亿喜欢吃辣椒的巴蜀儿女，虽然，嘴巴里，滋味中，要辣而不燥，辣而不烈，辣而醇香，但心底的壮怀激烈，始终是在的。危难关头，它激扬出来，泼染得天地血红，叫日月羞愧；温常的日子里，它内蕴收敛，凝聚成做人做事的恒心、韧劲和毅力。我想，若能把川人先辈们暗传给我们后辈的心气，激活哪怕一点点，我研学川菜，想为川菜的味道谱系写出一点让厨师受益、让读者欢喜的东西，应该写得出来，写得下去吧。况且，我首先要写的，就是辣椒。辣椒有情人心，更有英雄气。

虽然，我是一个只能使小钱的文弱书生，但偏偏爱说大话，想大事。川菜如此之大，我不能把它写小了。于是，一个主说辣椒的辣子味，写了3年，10多万字，才觉得刚刚走进川菜的辣味天地。幸好要写的川菜10味中，除了椒麻味用不上辣椒，其他8味，味味中，都有辣椒的千姿百态。而且，自从得到了史正良大师12字传授以后，我开始意识到，2000多年古代川菜的厚积，100多年近现代川菜初创成系，虽已有荣耀与辉煌，但仍还是薄发。几千个基本菜式，二三十个基本味型，摆在中华饮食大宴上了，正待后生卷书史记。更有很多未探、未梳、未思、未述、未创的未知，等待我们这一代新川菜人，"而今迈步从头越"，让未来走向当代。

原想10味集一书的川菜核心味道谱系，现在，就一味成书了。第二味也写了几万字，可能在2023年底，能强行收笔。愿上天怜我，再给我10年，写完10味，不要让我在踏上归途的路上，一路垂头自惭，无颜去见川菜的列祖列宗。

我想，川菜最为宝贵的文化品格和精神气质，是平民温暖，布衣风范。"民以食为天"，为政为文者，当以苍生为念；以饮食为业的人，也当存此念，念念不忘。我从不否定精致高端餐饮，但千家万户的口食，养命保身，有余时得点小欢喜，餐饮业中人，请把真心、重心更多地倾向他们。史正良大师说：川菜的家常菜，就6个字，"不讲究，要用心"。我想做餐饮的人，都始终记住，让自己的父老乡亲都喜欢吃，吃得起。当然，你要把自己从老百姓的人堆里刨出来，提上去，我不敢骂你，但也不会师你。反正，于我，于同心同道的川菜人，我要一字一字告己传众："食以民为天"。

也许，有人会讥讽我，说我一副悲天悯人的假和尚嘴脸，叫我师父的兰明路开的餐厅2000元一位，还只是起槛。这是哪国的平民川菜？是的，以价论品，老百姓是吃不起明路做的菜。但人群分层，事有别论。兰明路是史正良的掌门弟子，史正良作为与川菜国手罗国荣几乎并肩的百年川菜半步宗师，他留下的川菜12字纲领，需要也必须让兰明路尽毕生心智和精力，去理解，去实验，去呈现，把恩师用一生厨道的心血智慧，提炼精萃的川菜思想，用一道道成型成熟的菜式，汇入到川菜的长河中。所以，他的菜，已不能简单以川菜的平民观直论。我期待并相信，兰明路和他的川菜中生代大师兄弟们，他们似乎脱离了广大人民群众的川菜层级与样态，正在为当代川菜传统的形成，聚集成开拓与引领的先锋力量。

就像我们需要说相声的京腔于谦、郭德纲，讲散打评书的川普李伯清，也需要写《三国演义》的罗贯中，写《红楼梦》的曹雪芹。表面上，这些川菜中生代大师，都是高高在上的高端精致餐饮人。但在我心中，他们是川菜探路者。食材品质的追求，烹艺的严格与精细，菜式的变化和创新，不仅要投入难以估量的物力、财力、人力，更需要激情、灵感、智慧。他们云端的开花结果，终将通过无数的川菜厨师，化成雨露，滋养平民川菜，惠及民生民食。因此，以味为魂，重在味变的川菜，在"味本，味正，味合，味变"的味道"四库全书"中，"究天人之际，通古今之变，成一系之功"。

我的川菜研学，愿和他们的创艺携手同路，秉承两千多年前川菜老祖们开启的"好滋味"传统，把当代川菜，从百菜百味，引向无比丰富和更加广阔的千滋百味。但愿我来得及看见，这个美食风光无限的世界，由我热爱的川菜推开大门。我还不顾众怒地斗胆狂想，那时候，全世界的人都把川菜名字叫作：中国菜。

前几天，20多年前无意中按动我的川菜生涯遥控器的哥们儿刘太亨给我说，要在重庆重开"香积厨"。对于一个生计基本无忧的人，这是找烦找累。但听他说得趣味盎然，我暗想，这是不是上天要他又去按动那个遥控器了？"有朋在远方按，不亦乐乎！"我当然赶紧说，"今非昔比了，全伙帮忙！全力扎起！"

满城知香，众生欢喜。这是"香积厨"，这也是大川菜。

最后，谢谢多年来，让我顾而少问，却月月领薪，不愁衣食，安心研学的成都两大餐饮名企：红杏集团，成都映象集团。红杏的黄信陵、李红，成都映象的杜兵、向晓蕾。古人说："一饭之恩，万金不足以报。"我没有万金，那就以我写川菜的万言吧。朋友们，从此书开始，每本书中都有一万言，不仅是送给你们，而是，它们的隐名作者就是你们。

从开篇到结尾，写每一个字时，我一直都在感谢的，是每一个喜欢川菜、喜欢我写川菜的读者。

川菜的味道美学 · 辣椒真味

青椒篇

青青辣椒，悠悠我心

壹

　　一年中新鲜的蔬果上市，总是能给我不断的欢愉。那些我心心念念的时令鲜菜，过季了，便走了。菜摊上没有了它们的踪影，满目寻找时，心里不免有一些怅惘。我知道，明年它们会再来，年复一年，随着它们生命的时节而归，人有诚意，天地无欺。于是，每一年，第一次在菜市上，看见了春笋，看见了红油菜薹，看见了青嫩的豌豆苗……我都禁不住满心的欣喜。其中，最欢喜的，莫过于春末初夏，突然在菜摊上，一堆细长青绿的辣椒出现在眼前。回来了，青青辣椒，悠悠我心。

　　叫青椒的，品种有很多。青的灯笼椒，几乎没有辣味，淡淡的青辣香，切成细丝，炒青椒肉丝，也是一选，老人小孩皆相宜。青的螺丝椒，有些辣味了，那扭来扭去的身形，好像就在表达它小歪小倔的脾气。这些有椒香而少辣的辣椒，对于四川的小孩，算是吃辣的启蒙。生为川人，总是该吃点辣的。骨子里有硬气，口味中好热辣，才能在温柔敦厚的缠绵深处，始终是一个站得住的人。

　　我奶奶性子刚烈，口味大气。肉要肥的，海椒要辣的。那时候，因为我还小，承不起太辣，但奶奶也不会买没有辣味的灯

川
菜
的
味
道
美
学

传说三国时，诸葛亮屯军驯马于牧马山，备战南征。发现遍野椒树挂满辣椒，个个乌红发亮。一尺余长，酷若黄荆条。诸葛亮取食，顿感满口生津，神清气爽，击掌叫好："好一个二荆条！"即令军中囤积"二荆条"。

笼椒，她说那是婆娘味。其实，奶奶也是婆娘，只是一生磨难太多，半辈子孤身面世，心里的苦劲撑着，须得一些燥辣，才扛得住人世的寒风冷雨。所以，即使要顾我怕辣，也是买牛角椒，底圆头尖，椒皮韧而肉厚，煎煸出来，入口初是清香，咀嚼之中，辣意隐隐而来，舌头活泼高兴。牛角椒只是有些辣味，正是这点辣味，奶奶说，这才算是海椒。她说，叫什么，就要有什么。后来，我才明白，奶奶也在给我说做人的道理。牛角椒也叫尖椒，炒虎皮青椒是它的本命。当然，你要拿它来炒青椒肉丝，它也没意见。是青椒，能配肉丝，总是运气。现在，这两种青椒，市场上，好像一年四季都有，大棚里的，算不得当时当令。

真让我一见着，就心生欢喜，忍不住嘴痒手动的，是二荆条辣椒。二荆条，现在很多地方都有种植。不过，从小知道的，就是四川的最好。四川的，还要是成都附近东南山地和浅丘生长的，才是辣香双绝的正分。儿时知道成都边上有一个地方叫牧马山，老人们都说，那里的二荆条辣椒，一巴掌大的地方才有，金贵得很。我于是一直以为，二荆条又叫二金条，说的就是它稀奇贵重，只比金条稍稍差一点。可惜的是，牧马山早就高尔夫和别墅化了。一亩地的二荆条，再金贵，一百年的产量，怎么也比不上一亩地的地价，更何况，还是盖了花园洋房的一亩地。当成都没有了炒回锅肉的成华猪和隆昌猪，没有了熬红油辣子的本地二荆条，没有了怪味中苦味来源的杏仁豆腐乳……我青春年代的味道，就只能"此味可待成追忆"。

大约10年前，可能真是心疼遗憾了，国家把成都靠近牧马山的双流区公兴、黄甲等13块小地方，划成二荆条的地盘，还给了"地理标志产品"的称号。有好事者，可能是为了显示这块小地方出产的二荆条不仅犹如辣椒中的大熊猫那样稀少，而且身世古老高贵，专门杜撰了一个传说。传说三国时，诸葛亮屯军驯马于牧马山，备战南征。发现遍野椒树挂满辣椒，个个乌红发亮，一尺余长，酷若黄荆条。诸葛亮取食，顿感满口生津，神清气爽，击掌叫好："好一个二荆条！"即令军中囤积"二荆条"。

这就叫我先是满头雾水，接着啼笑皆非了。世人皆知，并有定论：辣椒原产于南美洲，是哥伦布发现新大陆时带回欧洲，然后传入东南亚，再从东南亚传入中国沿海。传入中国的时候是明朝中叶，后来是明末清初时"湖广填四川"，才把辣椒带到了巴山蜀水。不过，"关公战秦琼"，古已有之；证明曹操大墓的证据是"其中有两具遗骸，一具是老死的曹操，还有一具是小时候的曹操"，这样的奇葩之论，今之比比皆是。我的惊诧是少见多怪了。

对于我，识辣者，必先识青椒；识青椒，必先识二荆条。这一根形似细羊角，长而青绿晶莹，椒尖似钩的辣椒，这一根在人间农历四月天、辞春迎夏而归的辣椒，才是川菜辣滋味传奇的开始，才是我打开辣椒王国之门的钥匙。

贰

川菜最有特色的10种味型中，辣子味算辣椒的独舞。就算有些时候，搭配了一点葱姜蒜或者花椒和其他香料，辣椒也是绝对的主角。让辣椒之辣，极其张扬地、淋漓尽致地显示，甚至是炫耀它的存在和魅力，辣子味当仁不让。

然而，就是辣子一味，又有青辣、鲜辣、干辣、香辣、煳辣（含炝辣）、酱辣的细分。更何况不同品种的辣椒，在川菜不同菜品中，呈现的辣子味不同；不同品种辣椒的混合使用，形成的辣子味，更是层出不穷。天下辣味尽巴蜀，仅从辣子一味，便可窥见川菜"重在味变"的辣变之妙。

青辣，是辣子味型中，最考量厨师心思的滋味。青辣是辣椒最初的本色本味，于我，叫初味。我觉得，很多食材在不同时节、不同的烹饪中，本身就会有不同的味相，而首先表现出来的味道，我把它叫作初味。不识得、不爱惜食物初味的厨师，不仅难有厨之本手，也难穷食物变化的精微。识花不识花蕾，识女人不知青春。诗人说，再老的女人都有一颗豆蔻年华心；我以为，辣椒之青隐其辣椒一生。唯有青椒，才得辣之清香，才有辣之清甜。做得出、品得出辣椒的隐约之甜与清香的，才是好厨师，好食客。

能尽青辣初味之美的，二荆条当是首选。

成都东山一带的二荆条，经过一春雨水阳光的滋养，在晚春农历四月陆续挂果成型。细细袅袅，青绿中带着嫩黄，长长的一根根挂在椒枝上，出落得水灵喜人。懂青辣椒的人知道，不同月份的青辣椒，辣度和香味自有不同，入食之中，也当有各用。

每年，第一次在菜摊上看见二荆条，都有虽是旧识、犹如初见的激动。那时，满市是菜，眼中却只有青青辣椒。站在菜摊我最怕的是看见有人用四月的二荆条做青椒酱、烧椒。酱使椒腻，烧让椒糊。农历四五月的二荆条，正分就是菜椒，当菜来吃，才是识得辣椒的人。

前，眼心入椒，一根一根地挑选，旁若无人。其实，每一根都惹人喜爱。只是，我想挑更嫩气的那些，不是怕老一点的会辣，而是想，嫩一点，似乎就更近辣之初春。这时的二荆条，椒香清芬，椒味中隐约的辣意正好把辣椒的清甜撩拨得乖巧又调皮。带点嫩黄的，稍稍短细一些，摸着椒皮还微微有些柔软，便是没有老气的春椒。这样的二荆条，只有两种吃法，才是方家正品。

一是去蒂以后，洗净，切成细颗，微盐腌渍15分钟左右。然后，上好的香醋，些许食糖，几滴香油，生拌一碟。盐渍是为了去掉一些水分，使其嫩软中有生脆；醋、糖、香油，不是补辣椒之味，只是为了激发和烘托春椒羞涩中的辣香之劲。毕竟，春天的二荆条也是辣椒，是辣椒，就要吃出它在万物之中、春天之时的生气。有这样一碟活色生香的生拌二荆条在桌上，即使是味道平平的一桌菜，也会活泼起来。它是开胃的前菜，也是代替蘸酱，带领食物在餐桌上、在盘碟里、在口舌中成为美食的精灵。

另一种是小煎：去蒂，洗净，晾干水。一口非常干净的铁锅，不放一滴油，锅热以后，直接煎煸。大火烧锅，小火煎椒。有些着急的人，一直用大火煸炒，熟是熟得很快了，但是，大火高温，二荆条的青嫩之香散了，椒皮还容易焦糊。我们吃的是小煎青椒，不是虎皮青椒，虎皮青椒不适合二荆条。我们之所以不放一滴油，甚至不放一颗盐，就是怕坏了深春之晨、刚刚摘下的二荆条那独有的清烈之味。这样的嫩椒，煎炒时，要不停翻动，偶尔用锅铲煸压一下，让水分较快炒干，尽快成熟，避免久炒的火气挥发了椒香。煎熟装盘后，我喜欢淋上一勺香醋。对，就是醋，就只有醋。对于我这种经常吃咸看淡的酸腐人，唯有那一点点捉摸不定的醋意，才能让如此新嫩青绿的春椒，满口生津，唇齿留香。如果你是一个不吃醋的人，那就放生抽吧。只是不能多，多了，就是酱油拌青椒，那是另外一道菜了。就像我说的是小煎，小煎与干煸是有区别的，干煸青椒也是另外一道菜。

当然，你一定要干煸，甚至直接用油加盐煸炒，还要放点味精；或者你一定要用这时的二荆条炒青椒肉丝，要用它炒藕片、炒土豆丝之类，也肯定好吃，只是少了春之初辣的清纯，犹如初恋却没有初吻。我最怕的是看见有人用四月的二荆条做青椒酱、烧椒。酱使椒腻，烧让椒糊。农历四五月的二荆条，正分就是菜椒，当菜来吃，才是识得辣椒的人。

叁

清鲜的二荆条青椒，作为主材单独成菜，寥寥无几。除了生拌和小煎，凉拌手撕烧椒算是一个。木炭阴火，以签串之，慢慢烤熟。然后手撕成条，拌以香醋、糖即可。过去，在乡下，用刚刚熄火的柴火灰或者草木灰埋而焖熟，最具风味。现在，烧烤遍天下，烧烤摊上也常有烤青椒。不过，大多是烤肥硕的菜椒，虽有一些椒香，却无辣味。店家便或在菜椒上抹一层红辣椒面，或干脆打一个辣椒粉碟，让客人烤椒蘸椒粉。当客人吃着这样的烤青椒时，我想，店家的嘴角该挂着一丝狡黠的暗笑吧。以后吃水果，若没有果香或者果甜，也大可蘸着果香精和白糖吃。此法推而广之，烹调就简单得很了。这于我，不知当甚幸还是甚悲。

所以，我吃烤椒，定要二荆条。只是随着夏热日盛，二荆条就越来越辣了。无论小煎、干煸，还是烧烤，直接纯吃，须得心性和口味都比辣劲更狠。我想，渝湘黔等地，山凶险，水狂野，人民刚勇。盛夏的椒辣，如同酷烈的暑热，都是好汉们激扬江湖的豪情。川西坝子上的儿女，和风细雨中，慢悠悠地活着，说话尾声的儿化音，不徐不疾，融入温和的天气。虽然，骨子里依然有着热烈与硬气，口舌却已温良。于是，辣硬了的二荆条，大多时候，只好屈身做了调料和俏头。

依然是烧椒，烧出来，已是其他主材的配角。烧椒茄子、烧椒皮蛋，自是桌上常见。烧椒拌牛肉或者烧椒拌牛筋也是本手。近10余年，川菜欧起装洋盘，餐厅里的烧椒牛肉，要么是安格斯牛肉，要么是雪花牛肉。名字洋气了，自然价格也要有面子。不过，我觉得，四川山地上的黄牛肉，才更得烧椒的个中滋味。我在四川汉源的九襄，吃过一盘烧椒干拌黄牛肉。说是拌，其实是裹。烧椒剁碎后，夹杂了本地新鲜花椒嫩叶的细碎，还有一点小小的蒜颗。然后，用煮得正是火候的、细嫩化渣的黄牛肉薄片子，裹上拌好的烧椒、花椒叶和蒜颗。一卷入口，大嚼小咀之中，烧椒的椒香、烤烧椒的木炭气味、花椒叶特有的清麻香，还有些许的蒜香，与牛肉的浓香，滋生，融合，爆发在口中。让我真有些舍不得就这样吞咽下去。旁边的店家主人看着我的吃相，脸上似乎有些诧异，好像在说：有那么好吃吗？我想，可能我吃过的许多菜，自己觉得是人间绝顶美食，在当地人眼里，就是正有一个凉菜师傅说，烧椒不仅真要在木炭火上烤，还不能全是烧疤。最好是一面烤糊一些，另一面保留青嫩，烤熟就行。这样的烧椒，才既有烧糊的熏香，又有辣椒的清香。

该那样做的普普通通的一道菜。他们山上的牛，山上的辣椒，山上的花椒叶，没有什么稀奇。于我，阳光明亮，山风徐徐，唇齿之间，就是一生中难得的八月的滋味。

现在，烧椒与海鲜也经常勾搭了。烧椒螺片，烧椒鲍鱼，海上来的辣椒，和海里产的食物，在川菜中相会，应该是前世的缘分吧。以烧椒作为调料和配料，是川菜近年的流行。剁碎和手撕，甚至做成烧椒酱入菜，烧椒算是长了脸，也长了本事。不过，大多餐厅和家户都是把青椒放在锅里煎糊，貌似烧椒，味道却叫人气馁；或者是在煤气火上烤糊，没有隐约的炭火烟熏之香，也会败了吃兴。既然烧椒受了恩宠，为什么不备一个木炭小炉，又不贵。有厨师告诉我：麻烦。我知道了，麻烦的事情，谁愿意做呢？于是，许许多多地道、本真，就在怕麻烦中，变得不伦不类。有一个凉菜师傅说，烧椒不仅真要在木炭火上烤，还不能全是烧疤。最好是一面烤糊一些，另一面保留青嫩，烤熟就行。这样的烧椒，才既有烧糊的熏香，又有辣椒的清香。川菜最讲究一味一菜中，味道层次的变化和口感的丰富。小小一根烧椒，自有百年川菜深蕴的精髓。可惜，这样的好厨师少了，多的是怕麻烦的人。

卷
一
青
椒
篇

烧椒对生菜籽油最服，特别是做烧椒茄子，剁碎的烧椒拌上少许新榨的黄菜籽油，油润其辣，油的生香让烧椒的糊香既浓烈又柔和。四川人用红辣椒做鲜豆瓣，也是用生菜籽油腌浸，在发酵过程中，断其生，得其香。想来，辣椒是与菜籽油拜了把子的。川菜中常用的红油，非上好的菜籽油不醇不香。不过，红油中，辣椒与菜籽油的绝世良缘，要留待后说了。从青椒开始的辣子味，山重水复，一路味道的风景，我愿与诸君同行。

青椒肉丝的私家手法

　　川人的家中，老姜、大蒜和青葱，总是常有的。过去，姜葱要浅埋在土里，沾着土气，物香不散。现在，都进了冰箱，做菜拿出来用，总觉得味道薄了。不过，有了冰箱，还有一种活食，也能常有了，就是青辣椒。

　　入了大夏，青椒辣硬了，做配菜和调料，就是它的正用。要菜活泼，青椒常常喜辣可人。青椒肉丝和小炒肉，它是天设的原配。炒土豆丝，炒藕片，炒绿豆芽，干煸苦瓜或者茄子，辣而清香的青椒，入于菜中，让一盘青白之素生出几分俏皮。特别是夏秋时节，山里林下野生的牛肝菌、老人头、见手青、干巴菌，这些城里难得的稀罕物，定要多多的蒜片提鲜增香，还要一些青椒同炒，让辣意烘托菌子的鲜香。对于我，这完全就是食物的勾引。

　　我素来对炒得一手好菜的川菜厨师心怀敬意。川菜中的小煎小炒，一次定味，一锅成菜，是川菜烹饪的本手。可惜的是，现在大多川菜厨师，缺的，至少是弱的，恰恰就是这一手。青椒肉丝是一道极其平常的家常菜，但是，多年以来，我几乎没有印象有哪一家馆子让我吃着巴适，大多炒得老、柴、紧，要么就嫩得如粉，因为加了太多的嫩肉精。我想，肉丝肉片的码味上浆，厨

师们应该都是会的，这是基本功。可能是他们觉得这太简单了，也就上不了心。不知道他们的老师或者师傅是否教过，烹饪中，越是寻常、简单的手法，越是要细致用心。因此，肉丝的码味上浆，就有了一些讲究。先要用一点盐、一点生抽、一点料酒和清水勾成的二流芡汁上浆。上浆不是随便把二流芡汁裹在肉丝上面就行了，而是要用手反复揉捏，把浆汁充分揉进肉丝里。所以，浆汁不宜太稠，水分要多。不知就里的人猛一看，那么多水，浆怎么挂得住？所以，真需要花一点时间把浆汁揉进肉里，让肉汁与浆汁融合，充满肉的纤维，这样揉出来的肉丝水润饱满。水嫩水嫩，有水才嫩。

　　肉丝上浆后，我还要调和一点甜面酱。正是这点甜味，才能柔和青椒的辣，才能激发青椒的香。一定要少要薄，多了酱成一坨，还吃起来发腻。下锅前，再用一点冷熟油挂上油膜，这是为了滑炒的时候减少水分的流失。现在，绝大多数厨师，炒肉丝、肉片、肉丁，都是在一大锅油中，用漏勺过油。热锅，大火，滚油，全靠火候的掌握与翻勺的手法，太费心费事了，而过油最简单，保证不老。可惜的是，没有滚油与急火在滑炒之中逼出肉香，没有浸润着肉香的底油，青椒丝就不滋润。这样的青椒肉丝，不仅没有锅气，而且没有活气，虽然熟了，也是一盘"死菜"。现在，做"死菜"的厨师，卖"死菜"的馆子，越来越多了。

　　青椒肉丝，青椒才是正题。炒这道菜，经常的情况是，肉丝滑散成熟，把切成二粗丝的青椒倒进锅里和炒，椒丝熟香，肉丝却老了。取巧的厨师便把滑散的肉丝铲出来，用底油再炒青椒，待椒熟以后，倒进肉丝，混炒几铲子，装盘上桌。可是，肉香不入青椒，椒香离于肉丝。本该珠联璧合的美事，搞成勉强的凑合，叫青椒与肉丝各自"傻起"。这真是煞了食物的风景。正法是，椒丝切好后，用一点盐腌渍20分钟，让青椒丝略微断生出水。在肉丝滑炒到散籽亮红时，便倒进滗干水分的椒丝，大火翻炒，肉丝熟而嫩，青椒丝也熟而活。肉香椒香夫唱妇随，菜与吃菜的人皆大欢喜。肉丝要保水，青椒要出水。这一保一出，相辅相成，暗合了世间多少做事做人的道理。

法无定法，小炒肉和青椒盐煎肉，青椒不用腌渍，须得肉片爆香后，再与青椒同炒。因为这两道菜的肉片，正需得在油锅中多煎炒一会儿，肉香才能出透。炒素菜，青椒丝却要先用熟油煸香，才能让土豆丝、藕片、茄子、豆芽、苦瓜等，在辣意的激发中，各得其妙，各尽其味。一根小小的青椒，因菜而变，变而生出不同的口感与滋味。一个如此用心做菜、用心吃菜的人，于我，于青椒，就都是有情有义的人。

青椒鸡的小招小技

第一次听说"青椒鸡"是一道老北京风味传统菜肴的时候，我跟人急了。那时的我，几乎把所有用了辣椒的菜，都自以为是地看作川菜。最近几年我才慢慢知道，川菜中的很多经典菜品都能在其他菜系找到原型。川菜来自天下，今天，川菜纵横天下，只是回家和寻根。

不过，很多地方的菜肴中用的青椒，基本上是不辣的菜椒。川菜用椒，善用其辣，更善用其辣变与辣香。农历六七月，二荆条辣椒日渐露出辣的本色。除了辣口刚猛的妹子汉子，或者是有些受虐倾向的味道艺术家，即使是做菜的俏头，口舌也难以从容。于是，作调料就是常用。其实，无论是青椒、红椒，还是干椒，作调料，才真是辣椒招数层出的用武之地。但是，辣椒作调料并不意味着用得小手小脚，只有做蘸水的时候小量一点，入菜之中，常常比作配料还要大气生猛。

青椒鸡，青椒就是喧宾夺主。辣子鸡，全国都在吃，也几乎全国都在骂。调料中找主料，辣椒堆里找鸡丁。川人用调料，的确经常是韩信用兵，多多益善。至于为什么会这样，此处卖个关子，留待以后再叙。

我做的青椒鸡，真是一斤青椒半斤鸡。青椒辣正，恰是秋分前后，这个时节的仔姜纷纷出土上市。自古川姜名天下，嫩黄如玉，姜香浓郁，脆辣激口。所以，我的青椒鸡，还有很多仔姜块与青椒联袂，从阵仗上看，就是要抢鸡肉这个主角的戏。不过，大自然中，日出时，云再多，出彩的还是太阳；满树绿叶，抢眼的依然是花朵。君臣佐使，将兵各位，川菜的一些菜品，调料多于主料，蕴涵的也许正是菜与世界的一笑会心。

鸡要仔公鸡，半只就好，取鸡腿肉、鸡翅、鸡脊骨肉。很多厨师做这道菜时要撕皮去骨。我不，我很反对。若一定要去除皮骨，留着给外国人做的时候吧，因为老外不吃连骨肉，他们觉得，吃肉啃骨头，没进化，不绅士。但青椒鸡就是要连皮带骨才好吃，骨有啃头，皮有嚼头，有了皮骨的啃嚼，肉吃起来，才能筋道中吃出柔嫩，饱满里吃出润滑。顺带一句，凉拌鸡也要有皮有骨。

鸡肉斩成2厘米见方的鸡丁，不要焯水。焯水后的鸡肉表面纤维凝结，炒出来，不够油爆。为了去除鸡腥味，正法是先腌后码。先用老姜片、拍破的大葱节、醪糟酒、微盐腌制，30分钟后，挑去姜葱，清水洗净，滗干水分。然后，再用醪糟酒、生抽、少量精盐码味15分钟。很多人要用蛋清、淀粉挂糊，怕肉老。但是，青椒鸡的鸡肉，吃着要有爆炒和煸炒的口感与混合之香，而且还要把青椒和仔姜的香辣煸炒进去，如果挂上糊，就内外相隔，肉椒有别了。

青椒自然还是二荆条，切成2厘米节子或者斜刀切成马耳朵。仔姜老嫩都要，老的部分切成姜片，嫩的芽姜滚刀切成菱形块。青椒一分为二，这是做青椒鸡的小手法，也是巧心思。像仔姜老嫩分用一样，让正料因菜变为调料，入菜后，部分调料又是吃食。因此，青椒一半要码微盐微腌，芽姜也是。因为鸡肉已经码味，如果要让椒姜有味，煵炒中再加盐，鸡肉就会老而咸。所以，先腌渍一会儿，也是川菜用料的小招。一道菜，要守本求全，小招小技正是匠心。

热锅凉油，油至七成熟，放入大葱节和老姜片爆香。而后捞去姜葱，加入数十粒红花椒，紧接着下码好味的鸡肉丁，大火爆炒，散籽后，再加入一点醪糟酒和生抽提香提色。然后，改为中火，放入没有腌渍的一半青椒和老姜片，这部分主要是用作调料。在接下来的煵炒中，让青椒、鲜姜、老姜片的辣与香，逐渐融浸进鸡肉。当鸡肉与椒姜的水分基本收干，再下入另一半腌渍过的青椒和芽姜，重新改回大火，快速翻炒，鸡肉之香与椒姜之香，相融两不厌。待椒姜熟透，却还留着三分清新、六分脆香，再放七八颗青花椒，要叫一盘青椒鸡，吃不出半丝麻味，却隐隐能闻得出几许麻香。

这样一盘青椒鸡，你不仅要在青椒节、仔姜块里找鸡丁，还要找恰到火候的青椒、仔姜吃。川菜中，配料与调料的互变，隐含着川菜味道魅力的哲理。

青椒酱和鲊海椒

时值深秋，巴蜀的青椒都老辣了。入夏后才挂果的青椒，光阴不再给它们亮红的时间，就老老实实地青着，承受寒秋的风霜。似乎是残留于世的抑郁，或许是无命而红的恨意，此时的青椒，根根狠辣。太辣了，就只能作了调料。其实，这并不委屈别无选择的青椒。辣椒生而于世，绝大多数，作调料才是正用。那些有幸冒红的辣椒，也都是被人们做了辣子酱、豆瓣酱、泡辣椒。秋末的青椒用来做青椒酱，青辣的风味更加喜人。即使不做酱，也是剁碎了做蘸水。

与红椒酱生腌不同，做青椒酱的青椒需要熟油小炒。前者取其鲜辣中略带腌浸后的酱香，后者偏重青辣中复合的椒香，两种都可以做下饭的添味，更多还是做补味的蘸酱。有一罐青椒酱过冬，冬天就不太冷。没有鲜青椒的时候，炖了牛羊肉，牛羊肉汤里煮了萝卜，青椒酱做蘸水，就是稀罕诱人的辣口之香。

青绿深浸的辣椒，要剁得粗细不一，细碎的出辣，粗颗的保留椒香。还有一种土家人的方法，更得山野乡里的风味。青椒用柴火烧烤，然后放进石臼里，和着大蒜，舂成椒酱。这种带着煳香的青椒酱，有着岁月袅袅炊烟的气息。城里做不出山林的味道，就在剁碎的青椒中加入姜米、蒜块，锅中油完全炼熟之后，

油温降至四成热，把青椒碎、姜米、蒜块翻炒出香，再放进盐、青花椒略炒半分钟，即可关火装罐。加入青花椒，要的是有几许清冽的麻香，与青辣之香应和。之所以用油炒，是因为青椒酱不喜生椒味，生青椒轻度发酵后会变酸。红辣椒做鲜椒酱则相反，红椒辣酱要的就是微酸带出的香鲜，所以，不仅不能炒而且加油也要生菜籽油，才有生香。而红辣椒酱，定要有红花椒才是正分。辣椒做酱，一青一红，青椒偏阴，故而或用火、或用热油之阳入之；红椒太阳，便丝毫不沾烟火，完全阴熟。贯穿川菜烹艺中的阴阳之道，追求的永远是饮食的平衡。现在，做菜、吃菜的人都特爱讲饮食文化。其实，中国菜的文化就在菜中，就在祖先们传下来的技艺中。

现在，青椒酱还偶有人做，但还有一种青椒做的家料，城里几乎吃不着了。它的名字，可能很多人见着也读不出来，叫鲊海椒。这真是川人的老吃食了。更老的是"鲊"这个字，念"zhǎ"，本义是红曲米和盐腌制的鱼。海椒以鲊名之，单用了腌的手法。大多腌菜靠的是盐与食材在时间中暗通款曲，让天气成为它们慵懒的温床。但是，鲊海椒却可以不放盐，完全靠食材自身的发酵产生奇妙的变化。

相传是重庆武隆仙女山上的佤族人，最早开始做鲊海椒的。他们生活在大山之上，到了秋天，就用石磨碾碎玉米，与剁碎的青椒混合起来，比例是1：2，不加盐，再加入老黄姜碎米和蒜米，装进土陶坛子，再用细稻草塞紧坛口，倒匍在清水盆中，然后，就静等自然这位大厨，慢慢完成它精妙的料理。30天后，各种乳化、酶化的过程，让食物脱胎换骨，开坛之时，清香，鲜香，辣香，酸香浑然一体，又层层迭迭扑鼻而来。青辣椒在它的一岁之末，为我们揭开了自然的秘密，拿出了它一生中的极致美味。

不过，鲊海椒不能生吃，还需要一点火与油的激发，才能撩动它深含其中的温柔和热烈。山里人的回锅肉就是鲊海椒炒的。我觉得，它与郫县豆瓣炒回锅肉，各有其妙，堪称双绝。现在，大米多了，很多人嫌玉米面粗口，改成米粉匍青椒。这本无不可，只是我还是欢喜玉米面鲊出来的，更有山野的风味。

有这么一坛鲊海椒，我最想做的是鲊肉。小时候，奶奶说吃粉蒸肉，就叫吃鲊肉。后来才知道，鲊肉是把洗净后、揾干水分的猪肉切片，和上米粉，埋进鲊海椒坛子里，10天左右，取出来，上笼蒸熟，出了油，佐以姜米、蒜米、花椒，再略蒸几分钟，最后，撒上青绿的香葱花。酸辣生津，香气满桌。

鲊鱼，鲊肥肠，鲊虾子；鲊土豆片，鲊南瓜，鲊芋头……

在深冬，如果你早已客居他乡，突然收到故乡亲友寄来的一瓶青椒酱，一罐鲊海椒，旧日子的容颜，人世的不言之情，是否会让你眼睛一湿？

川菜的味道美学·辣椒真味

卷二

鲜辣篇

抢得红椒七月鲜

七月流火，应春而生的辣椒，次第露红。趁着椒果皮未老，籽未硬，农人们就要一根一根地挑选那些正当时的，采摘上市了。枝条上的辣椒，花开的时间不同，红起来，是先先后后的。摘下来的红辣椒，还带着一些青紫的，做泡椒最好；红透了的，一部分先在竹编的蔑席上晾干水汽，然后串起来挂在屋檐下，川菜中大多需要干辣椒的菜肴就指望着它们，还有一些会剁碎做成红辣椒酱，这是爱辣椒的川人一年的鲜辣口粮。真爱辣椒，真懂辣椒的食客和厨师，一定会在红辣椒陆续上市的时节里，从收摘的红辣椒堆里，细细挑选出最新鲜、最嫩气而又硬朗的，直接用鲜椒入菜，吃的就是鲜红辣椒特有的鲜冽的辣味。在饮食团伙中，这叫"抢鲜"。

子曰："不时不食。"不到吃饭的时候，不吃；更重要的是，不当令的东西，不吃。天下的吃痴们，一年中，尝新抢鲜，嘴巴忙个不停。对于四川的吃货来说，有些鲜，抢不到；有些鲜，无须抢。但是，辣椒的鲜，是一定要抢的。先抢青，后抢红。还不是红的就抢，而是要在红红的一大堆中，抢出辣椒的鲜味来。我认为，辣椒是有鲜味的；我还认为，品得出辣椒鲜味的人，才是吃辣个中人。

曾经，川菜中有一道凉菜很流行，叫鲜椒鹅肠。这几年，馆子里很少卖了。不是这道菜不好吃，或者被吃厌了。好菜是吃不厌的。我看过很多红极一时的流行菜，一阵风，大小馆子都做。呼啦啦地来，静悄悄地散。那么当红的菜，怎么突然就消失了呢？探其究竟，被吃败了。很多好菜都是被吃败的。一开始，做出这道菜的厨师，因为用了心思，得了一点卯窍，选材、做工都认真讲究，菜也就乖巧，讨人喜爱。吃的人多了，学着做的厨师，照葫芦画瓢，过筋过脉的讲究与功夫，就没几个人用心了。就像这道鲜椒鹅肠，鹅肠的选择、氽水的火候、底味的厚薄，都须得十分到位。让这道菜风味十足的精髓，是鲜红辣椒的选择和调制。

那些年，鲜椒鹅肠中的鲜红辣椒，真是选的非常新鲜的二荆条和朝天椒，不仅新鲜，还得是新嫩汁多的。一些切成椒圈，一些剁成椒碎。红椒的辣、鲜、椒香，浓烈中散发着清冽之气。只有这种独特难得的辣鲜与清冽，才能与鹅肠的脆爽和肠香情投意合。鹅肠不易粘味，椒汁充盈的鲜椒，让激口的鲜冽和鲜辣，浸润在鹅肠上，入口之后，咀嚼之中，搭配的香菜与青葱，恰到好处地突出了辣鲜，柔和了辣劲，才是这道菜的口彩。后来，大多做的厨师，只要是红辣椒，就敢用来做鲜椒鹅肠。甚至，干脆全用小米辣，只要有红，只要有辣，似乎一切OK了。正是这样一种单调的寡辣，败坏了鹅肠的鲜辣滋味。

鲜红辣椒，主要是做调辅料，其中，做蘸水尤佳。还有一道曾经风行的名菜——蘸水兔，就是用新鲜的红椒，取其鲜辣为主。不过，几乎所有的馆子，红椒都只用小米辣。我做这个蘸水，一定要加红二荆条。小米辣切成椒圈，不用盐腌；二荆条却要剁成椒碎，用一点盐腌制成辣椒酱。前者得其椒辣，后者得其椒香。这样，风味才浓厚。当然，青辣椒切碎，葱花、蒜末、姜米，都是要的。青辣椒也需用盐腌制几分钟，必须是二荆条青椒；大蒜捣成蒜泥，必须现做现捣，蒜香才浓；姜米用老黄姜，不能去皮，姜皮最香。然后，勾兑入生抽、老抽各一半，再加一点白糖粉提鲜和味。用如此蘸水，蘸余水正得火候的带皮兔肉，冷吃细嚼，尽得鲜辣的风流。

对于我，最能体味鲜辣之妙的，还是白水菜配鲜椒蘸水。红二荆条与小米辣6∶4的配比，不用青椒、蒜水、姜米之类，只是葱花、盐、一点生抽即可。鲜辣椒一定要剁碎，用清汤调制，让蘸水的辣味因汤的清鲜醇厚，变得意味深长。而蔬菜本身的清甜，更能吃出红辣椒的鲜，更能让辣成为蔬菜清香中的性情滋味。白水菜，四川叫耙耙菜，不放一颗盐，不放一滴油，清水白煮。为了鲜辣，我们素到家。

鲜辣的直接与孤独

　　鲜辣当然要用新鲜辣椒。青辣椒也是新鲜辣椒，但它不叫鲜辣，叫青辣。青椒的青涩让辣缺少直接性，虽然，很多青辣椒，辣得我们断思念。不过，它们看起来，至少是含蓄的，甚至是羞涩的。所以，鲜辣必须是新鲜的红辣椒。但是，并不是所有的红辣椒，都能给我们平淡的生活以及寡淡的口舌，带来激动的鲜辣。那些红得油亮的圆椒，虽有一点椒香，却全无辣意，或者微微一点辣味，让辣显得虚情假意。

　　鲜辣要新鲜，要红，还要真辣。

　　整个辣子味中，鲜辣态度鲜明地代表了辣椒的本色本味。它用极富挑衅性和诱惑力的艳红，对我们的视觉和味蕾，进行赤裸裸地煽情。只有红的色感，而且是鲜活的，才足以预言即将带来的辣，直接，饱满，能够刺激我们昏昏欲睡的神经。辣子味中的鲜辣，不需要中和，婉转，迟疑，不管是真君子的、还是伪君子的温良恭俭让，对于鲜辣，都是贬损与侮辱。鲜辣，让辣椒最具激情和最真实的本质，直抵我们的身心。先是灼烧，接着是痛，然后，产生误判的神经系统，迅速分泌出内酚酞，把我们身体中最欢乐的部分激发出来。一种被压抑的、久违的愉悦感得到解放，甚至惊醒我们沉睡已久的多巴胺，隐约的爱恋、朦胧的浪鲜椒两种，各一半，鲜小米辣和鲜红二荆条，切成椒圈；蒜拍成碎颗，仔姜少许，切成姜丝，花椒20余粒。如需俏头，盐腌渍10分钟左右的青笋丁即可。

漫、潜动的亢奋，饮食中的七情六欲就这样毫无顾忌地让饮食男女，与辣云雨春情。

所以，我一直拒绝把用泡椒、干辣椒、辣椒酱做的菜称为鲜辣菜品。鲜辣就是鲜辣，而且，入菜之中，还要尽量保持鲜椒的生辣。如果说川菜的辣味谱系已经是味道的恣意张扬，鲜辣，就是倾向于征服的、适度的味觉暴力。在鲜辣味的川菜菜品中，所有不得已搭配的调辅料，都必须臣服于鲜椒之辣的核心地位。若要众味融合，诸味平衡，川菜自有别的一系列味型，让众神欢喜。

鲜辣就是这样孤傲独立，食物的自恋，在这里得到了认同。我以为，所有极致的孤傲，都应该得到尊重。但是，曲高和寡，孤独也必然是它们的命运。所以，除了凉拌和蘸水，鲜辣的热菜菜品寥寥无几。鲜辣入菜，除了生拌与冷蘸外，最能表现它舍我其谁之酷格的，就是急火爆炒。生冷之极阴与猛火之极阳，没有暧昧的中间地带，缓冲、过渡、宽让不是鲜辣的性格。天才存于顶层，至品只在两极。于是，在鲜辣鸭丁、鲜辣蛏子、鲜辣鱼片、鲜辣藕丁等勉强为鲜辣走了过场之后，鲜辣兔丁，开始独唱。

冷吃兔和鲜辣兔丁，天生的鲜辣姊妹花。我很久以来，都非常书生气地执迷于川菜中食物的对冲与对称，对食物的相生相克暗自好奇。这两道鲜辣同胞的冷热两分是一种，兔肉是种非常娇弱柔嫩的食材，却承受住了鲜辣的直接与猛烈，也是一种。也许，古圣先贤真是窥见了生命的天机，味道中的至阴至阳，食物中的刚柔反转，是否是无言的存在，用饮食对我们的一种暗示。

很多肉食，我喜欢肉骨相连，但这里，我却必须选择去骨的兔肉。鲜辣兔丁的兔肉，除了嗜辣极端主义者，大多食客会选择无骨的两肋和去骨的兔腿肉。带骨的兔肉需要舌头和牙齿花时间对付，啃撕之中，被激怒的鲜辣会把辣变成一种惩罚。兔肉切成2厘米左右的肉丁后，必须先用清水浸泡30分钟以上，让血水浸出。冲洗干净后，挤干水分，再用井盐、老姜片、葱节、胡椒粉、白酒码味。此处不用料酒，因为料酒的陈酱味会模糊鲜辣的单纯。码味20分钟，拣去姜葱，冲洗干净后，还需要在姜葱滚水中，过水10秒。先浸泡、码味再过水，是为了彻底去掉兔肉的草腥。最后，兔丁用生抽、一点味精、二流芡汁给味上浆。鲜椒两种，各一半，鲜小米辣和鲜红二荆条，切成椒圈；蒜拍成碎颗，仔姜少许，切成姜丝，花椒20余粒。如需俏头，盐腌渍10分钟左右的青笋丁即可。锅热油熟，油温降至七成，下蒜颗、姜丝、花椒、椒圈一半，炒出香味和辣味；改为大火，下兔丁爆炒，肉色泛白时，调入少许白糖、盐、白酒，再下入另一半椒圈；接着下入青笋丁，翻炒匀净，以少许清汤兑清芡勾淋，让鲜辣来临之前，至少看起来有一分浅浅的清润。这是鲜辣能够作出的让步了，但是，这种让步只是暂时的。当在热油中瞬间爆发出来鲜椒之辣，再次在口中迸发，椒鲜丰富了肉鲜，让鲜辣的鲜与香成为辣的灵魂。从入口之润，到燃口之辣，再到满口之鲜香，川菜的味变美学就这样引导我们走向美食。

如果你能一粒兔丁、一颗二荆条椒圈同食，那你就是辣之江湖中走过的兄弟，我们见着，是要抱拳相认的。

鲜辣的尺度

　　鲜辣就是生辣。正是这一点，让鲜辣不仅在辣子味中个性鲜明地突出来，也在川菜的整个辣味谱系中，让辣彻底、直接、简单到近乎粗野地，直抵我们的饮食精神。但是，深谙川菜味变之道的厨师，在任何时候，都善与辣舞，把"擅长麻辣"的精髓，以似乎轻描淡写的手法，表现得不动声色。因此，鲜辣绝不是单调的孤辣，在生辣迅猛而尖锐地刺痛我们的感官时，它必须满足我们味觉对幸福的渴望。否则，聪明的味蕾懂得拒绝。

　　鲜辣在生辣得到充分表达的时候，随之而来的，还应该在细微的品尝与回味中，滋溢出生香、生鲜和淡淡的清甜。我觉得，绝大多数可食的新鲜蔬菜除了它特有的本味之外，都带有蕴含在本味中的鲜、香、甜。这三种滋味，在我们来到这个世界的生命之初，最先打开我们味觉和嗅觉的门窗，成为我们味觉记忆中审视判定食物的基本识别密码，并贯穿我们的一生。无论食物的味道变得如何复杂，也不管人生的境遇让我们的味道倾向如何变化，对鲜、香、甜的要求始终是根本。最多，在慢慢成长的过程中，我们把咸编入了味觉需求的程序。其他的滋味，都是水土的、文化的习养和附着。

　　新鲜的辣椒是有鲜味、甜味和香味的。理解并善用食材的川菜厨师，一定会在鲜辣中，把它们从隐含于生辣中激发出来。鲜辣，相对于川菜中众多的辣味，虽然，非常接近单纯的辣。但是，它依然有层次、有变化，而且，是有尺度的。它依然遵守着中国饮食文化的基本原则：在多样的冲突、在相生相克中，达到和谐与平衡。

一道鲜辣的菜品，相对主材，应该使用多少鲜椒，才是恰当。这是首先要考虑的。川菜用辣椒，永远不是韩信用兵，多多益善。讲究君臣佐使，治国，用药，做菜，道理都是一样。川菜百菜百味，一菜一格，每一道鲜辣菜品的主副用料各有不同，绝艺来自比例的掌握。所谓恰到好处，就是既要突出地、浓郁地呈现出鲜辣的风味，又要让鲜辣烘托、提升主材的口感和滋味。一些厨师怕鲜辣菜品中辣味太重，用辣椒总是缩手缩脚。结果，辣还是辣得刺口，鲜辣的风味却薄弱了。他们不知道，鲜椒用得少，溢出的辣味反而容易浮在表面，成为飞辣。浅薄的辣，很多时候在口舌中成了寡辣，更不能让主材的味道丰富起来。这种患得患失的味道，令人生疑和讨厌。当然，更多的川菜厨师可能自以为是辣神临世，一做辣子味菜品，特别是鲜辣菜品，辣椒就永远是：多乎哉？不多也！辣椒一堆，主材寥寥。整道菜，一味地狠辣。我把这叫做味道的专制，饮食中的霸权主义。川菜的名声大多就是被这样的厨师败坏的。我求教的所知和自己的经验，辣椒与主材的比例，1∶4比较合适，最多1∶3。辣到风情入怀就好，无需辣成裸奔。

更重要的是，鲜辣中，辣椒品类的选择与搭配特别需要厨师的巧手和匠心。我吃过一位厨师做的鲜辣鱼片，真是把简单的鲜辣味做得纯而层次细腻。干净却又富有变化的鲜辣把鱼片的鲜嫩烘托得如此惊艳，好像已经烹饪过的鱼片又活了过来。绝妙的

味道，让食物生动。我一直坚持，好厨师不做死菜。一道没有情感、没有味道灵魂的菜，一道把菜的灵动做得荡然无存的菜，就是死菜。在这道鲜辣鱼片中，厨师用小米辣取其生辣，用二荆条取其生香，用圆椒取其清甜，三椒归于一味，而且，不同辣椒的粗细也各有其妙。在我心中，能够并且善于从食材自身寻找、发掘、调和滋味的厨师，才是真正的味觉大师。过分依赖调味料的，已经等而下之。所以，对于现在一做鲜辣，就只知道、只会用小米辣的厨师，我的评价是：不知辣。可惜，现在几乎所有餐厅的鲜辣菜品都是小米辣单打独斗，一椒霸天下。

　　鲜辣的尺度，不是靠用其他东西来调和。用其他调辅料调和辣味，是川菜辣变后的众辣之法。鲜辣的张力与收敛，来自辣椒的用量、辣椒的配比，还来自烹调鲜辣的章法。鲜辣兔丁中，椒圈分两次下锅，就自有微妙。因为，任何一种具有爆发力的食材，都不仅仅只有主味的呐喊，同时也有深度表达自身丰富性的娓娓相叙。

鲜辣的轻言细语

　　不同品种的鲜红辣椒，带来的鲜辣感，深入浅出之中，自有微妙的变化。把滋味和口感的丰富与变化作为灵魂的川菜，任何时候都不会让辣一味孤行。虽然，川菜10味中的辣子味，已经是川菜所有味型中辣椒的独唱。鲜辣，更是辣椒在它的生命最艳丽丰满的时候，极其张扬地在我们的饮食天地中炫耀它的本色、本香、本味，犹如一场让天下恋辣人心醉神迷的舞蹈。在川菜整个的辣味谱系中，错过了与鲜辣的绝世之恋，就只有等待另一场饮食的艳遇。为了这场艳遇，东方的花椒孤独了几千年，西方的辣椒寂寞了几千年。各自经过了漫长的岁月，才穿越时空，相聚一起，那就是川菜的麻辣。只有在麻辣之中，辣椒才又一次拿出全部的惊人之美，给我们的饮食身心带来滋味的高潮。

　　因此，我的鲜辣菜品中，虽然辣椒仍然是辅料、调料，但它几乎是唯一的辅料和调料，其他的调配只能是让辣更明亮、更加突出和夺目的隐身的背景。在许多鲜辣菜品中，我以辣椒与主材比例为1：4甚至1：3的高配，让辣椒通过鲜辣，接近主材不能承受之重，就是想在味道冲突的极限上，呈现川菜调味艺术的平衡，找到隐藏在食材深处的纯粹。

　　但是，任何内心狂野的独唱与舞蹈，也必须有慢板，有浅唱低吟，甚至有静默，至少有让表达能够被倾听的轻言细语。一辣狂奔的谵妄，从来不是饮食的本道。我想，这也不是辣椒秉承的天地之意。鲜辣给我们的味觉体验，犹如情爱中恰到好处的角色扮演。它有新奇、刺激和适度的罪恶感，但绝不是狂暴、恐惧或者迷乱。当我们从鲜辣的欢愉之巅平静下来，被唤醒和被满足的味觉幸福，才是川菜这一独特之味的美学意义。

　　鲜辣在川菜的烹饪中，要拒绝把主控权演变成极端、独裁和专制，必须在细节上深入。恰恰因为鲜辣中，辣椒直接、简单、近乎用一己之力独撑一道菜品的味感，所以更需要小巧的手法，给予辣的变化和细腻。一道鲜辣兔丁，辣椒至少两种——主辣的小米辣和主香的二荆条，而且要非常新鲜。够新鲜，生辣与生香才有收敛灼辣的滋润和清甜。切成椒圈的小米辣，厚道的厨师会将其放在含有轻度酒精的醋水中浸泡10分钟左右，散去几许辣的生烈；二荆条却断断不能沾水，须得整根洗净晾干水汽后，再切成椒圈。二荆条入了水汽，即使只有半分水臭，也会败了辣椒的天然之香。两种辣椒，分两次烹入。第一次，在锅中用热油把子姜丝爆香之后，先以一半椒圈入油，小火炒出辣香，然后与兔丁和炒，让鲜辣鲜香充分融入肉中。然而，鲜椒在急火滚油的煎熬中，精华献给兔丁，椒颜椒色半衰。这时，另一半清灵的鲜椒入锅，急火快炒中融入油与肉的火热，只需两三分钟，正好使辣椒的红亮油润鲜艳，让鲜辣三绝的生辣、生香、生甜，与辣、鲜、嫩滑的兔丁，共同成就一道川菜鲜辣菜品的经典。

　　至于叫我只要说起就口舌生津的鲜辣鱼片，那位深谙川菜味变之道的厨师，不仅用了三种辣椒，让鲜椒之辣丰富平衡，在辣椒入菜上也颇有心思。二荆条切成椒圈，先入锅中，以底油炒出香味。甜椒和小米辣却都要切细，甜椒碎在鱼片滑入底汤的时候，接着放入，为的是让甜椒的清甜能够比较充分地融于汤汁，并提升鱼片的鲜甜。而小米辣碎，却以生椒入菜，在鱼片连汤装盆后，把小米辣碎铺在鱼片上，再撒上青葱花，最后用滚油浇淋。小米辣不用炒和熬炼，一是为了仅取其鲜椒的初辣，不让椒辣恣意放纵，压住了鱼的鲜甜；二是保持了鲜椒的生辣，让鲜辣的生辣感突出和生动。没有对食材、对菜品格调细致准确的理解，不可能做出如此富有变化和灵气的处理。

后来，因我的请求，可能更因难得有人去认真理解他的用心，他又专门为我做了另一款鲜椒鱼片。原来那道鱼片算是热菜，再做的，换成了川菜做凉菜的手法。不过，川菜的许多凉菜，却是热拌。主材需得是热的，调辅料冷调，有时候调辅料也要以滚油浇热。热料热菜，偏偏要归于凉菜一类，这是川菜的神表达，无需纠缠是否合乎逻辑。凉菜热拌，为的是主材趁热时、纤维组织没有冷缩变紧，可以更好吸收调辅料的滋味；同时，余留的热烫又能激发调辅料的香味，让一道凉菜也有诱人的气息。

这次，他用了4种辣椒做鲜椒酱。二荆条，朝天椒，小米辣，甜椒，比例是4：2：1：3。二荆条和朝天椒都需要提前两天剁碎后用盐腌制，轻度发酵48小时。发酵是为了让辣椒的辣香充分溢出，并产生醇和感；而只需短发酵，又是为了保留辣椒的生鲜。小米辣和甜椒则现剁现用，让适度的生辣和清润的甘甜在冲突中和谐相融，互为表里；这两种辣椒不用发酵，正是要强调鲜椒的风味。4种鲜椒碎调和一碗，加一点生抽，一点香醋，一点白糖（白糖在这里主要不是增甜，而是和味提鲜），一点现轧的生花椒，青红花椒各一半（红花椒主麻，青花椒主香，都不能多，麻香隐约其有，以此烘托鲜辣），还要一点蒜末（些许的蒜香，刚一个以辣椒、以辣味作为最大特色的菜系，肩负传承之责的人，对辣椒有深微全面理解的，却寥寥无几。这是不是川菜之忧？数百万川厨中，若有千人、万人交心与辣，以知辣为己任，川辣江山的未来该是怎样一片天地？

好陪衬出辣香的鲜明），然后用少许滚油浇淋调和好的鲜椒酱，让部分酱料瞬间被高温熟化，激出香气和滋味。最叫我心喜其巧的是，最后他又加了一勺生菜籽油。他说，生海椒配生清油，四川人的口味嘛。我知道，热油激料香，生油添风味，鲜椒与清油的生香感，才是这道菜的点睛之笔。他把所有的鲜椒酱汁铺淋在刚刚从鲜汤中汆出的鱼片上，再撒上一些香葱花和香菜碎，给我说，一定要用鱼片轻轻卷裹一些调料，一起入口慢慢咀嚼。我照办了，我不能把当时那种口感和味觉的销魂告诉你们，我只能说，你们是幸运的，因为没有品尝过这种犹如神赐的、无限接近终极滋味的食物，你们就还可以有很多其他厨师做的鲜椒鱼片可吃。而我，只有默念古诗：曾经沧海难为水，除却巫山不是云。还有就是借用一句歌词，献给这位寂寂无名的厨师：除却君身三重雪，天下无人配白衣。

从此以后，我开始有些苛刻地计较川菜厨师们菜品的调味。但是，在我近20年研学川菜文化与烹艺的过程中，令我非常难受的是，许多厨师让辣椒比人生憋屈，不如意者十之八九，能叫人欢喜者不足二三。一个以辣椒、以辣味作为最大特色的菜系，肩负传承之责的人，对辣椒有深微全面理解的，却寥寥无几。这是

川菜的味道美学

不是川菜之忧？数百万川厨中，若有千人、万人交心与辣，以知辣为己任，川辣江山的未来该是怎样一片天地？

忧乎？不忧乎？怀忧而行，自寻其乐。我相信，江山代有才人出。

川菜的味道美学·辣椒真味

卷三

干辣篇

干辣的尴尬

是否一定要写干辣，我一直很犹豫。因为，川菜的辣子味中，是否真有干辣一味，我也一直很怀疑。干辣椒是有的，而且在川菜中大量使用，这一点确定无疑。鲜红辣椒，烘干或者晒干，就是干辣椒。用干辣命名的菜品，在川菜中也非常多。但是若深究，干辣之味在其中，就像男女朋友互称闺蜜，关系总是显得模糊和暧昧。

把鲜红辣椒做成干椒，本是为了长久保存。其实，辣椒腌泡或者剁碎腌制成辣椒酱，原本的目的都是把辣椒保存起来，用以在没有鲜椒的季节满足我们嗜辣的饮食欲望。但是，自然中的事物，从诞生至今，总是隐藏着人类永远无法穷尽的神奇和奥秘。人类从古至今绝大多数的发现与创造，都来自于超出行为目的的意外，甚至来自某些错误，"无心插柳柳成荫"，就像改变了人类世界图景的哥伦布发现新大陆，也是因为迷航的失误所致。人类真的无需过分强调应该永远保持对事物的好奇与探究，自然会不断发生奇迹。

把鲜椒制干，我们可以长久保留辣椒，这只是辣椒食物之旅的开始。烘干或者晒干，辣椒以干缩的方式失去了水分，却以生命的残缺打开了滋味变化的大门。也许，几百年前，中国的农人们第一次用柔软的稻草或者绳索拴住辣椒蒂，把红红的鲜椒系成一串一串，挂在厨房的炉灶上方，挂在阴凉通风的屋檐之下；或者，趁伏天太阳大，干脆把鲜椒散铺在竹笆子上，房前院里的空地就是晒坝，让原本就辣的辣椒再吸收一点阳光的火辣。他们怎么也想不到，这个愿望简单、方法原始的行为，无意间，为川菜的辣变开启了味道谱系的众妙之门。没有干红辣椒，就没有川菜中辣情激荡的香辣、炝辣、煳辣，就没有辣香滋腴的红油。没有干红辣椒，成都有陈麻婆，但不会有名扬天下的麻婆豆腐；天下有夫妻，但不会有满口溢香的夫妻肺片；不会有水煮肉片、炝锅腰花、宫保鸡丁、蒜泥白肉、辣子鸡……这个名单还很长。如果没有干辣椒，长长名单中，每一道都让我们唇齿按捺不住的川菜名菜，就一道也不会有。也许，对于今天的一些年轻人来说，这些通通没有，"嗨皮"的生活照样"嗨皮"。但是，如果告诉他们，没有了干红辣椒，更不可能有红遍大江南北的麻辣火锅了，我估计，蓉渝两地满城都是着急的年轻人。没有干辣椒，着急也是干着急。

干红辣椒统领了川菜辣味的半个江湖，但是，干红辣椒的本味干辣却在这一片大好江山中，位卑名微，似乎是一个可怜巴巴的小头目，不尴不尬地守着小小的地盘。油火勾引，众料纠缠，干红辣椒霸道的味相转瞬流落成味道的水性杨花。火上稍稍烧烤，老成煳辣；油中几分煎炒，秒变炝辣；给点姜片、花椒、大料，就彻底忘失干辣之恨，乐呵呵地做了香辣。至于冲淋出香煳兼有的熟油辣子，或者熬炼后轻度发酵出醇厚香浓的红油，连干辣的影子都不知所踪了。干红辣椒就是这样经常轻易地失身忘本，最强烈的辣却最不坚定。看过大半生世间的人、事、物后，我好像明白了，万事万物，本来如此。

很多菜品名为干辣，实际上只是用了或者说重用了干辣椒而已。真正独立地呈现出干辣之味的川菜，少之又少。于是，几乎所有川菜厨师都忽略了干辣作为川菜辣子味型之一的存在，由此造成川菜辣味谱系中重要链接一环的缺失。更大的损失是，厨师们同时忽略了干辣本味在辣变过程中的作用，不知道干辣即使是一种隐性的存在，也始终在以干辣椒为基本的各种辣型中，或轻或重地影响着众辣的强弱厚薄。对于我来说，失去了干辣的干香正辣，用干辣椒变化出的几乎所有辣味，都因为失正失本，滑落到浮躁、狭隘、浅薄，犹如一个媚俗的无节文人。

这些年来，绝大多数对川菜的批评乃至否定，都集中直指一点，就是川菜众多的调辅料和复杂的调味掩盖甚至破坏了食材的原汁原味，其中的罪魁祸首之一是干辣椒。他们无知无畏，我无话可说。遗憾的是，绝大多数川菜厨师就真的对食材的本性本味，或浅尝辄止，流于食物的表面；或舍本逐末，貌似时尚，实为讨乖的饮食脂粉。干辣在川菜中的尴尬，其实是川菜厨师的尴尬。过分追逐市场多变的喜好，让很多厨师低下成了饮食江湖中的乡愿。

干辣的川菜启示

壹

很多年来，天下几乎众口一辞，批评川菜不尊重食材，忽略食材的原汁原味，把所有食材都淹没在麻辣之中。麻乎乎，辣乎乎，油乎乎，黑乎乎，"马马乎乎"，这"五乎上将"的帽子，似乎稳稳当当地扣在了川菜的头上。大部分草台班子的川菜厨师，真的也就弄几个麻翻辣死油焖人的菜，走州过县跑江湖。沸腾鱼、辣子鸡、麻辣龙虾满天下，坐实了川菜就是麻辣的骂名。

另一部分好像懂点或者真的懂点川菜的人，对此痛心疾首，到处见人就喋喋不休地辩白：我们川菜真的不是只有麻辣，我们还有很多不辣也不麻的菜，我们川菜还有开水白菜、牡丹肉片、神仙鸭子……前几年，我也是其中蹩脚的一个，甚至到处用芙蓉鸡片、雪花鸡淖、鸡豆花这样一鸡三菜，为川菜标榜高雅与淳朴。某一天，我在电视上又看见一位川菜大师这样说，说得都有些急赤白脸了。我突然很难受，感觉川菜受了莫大委屈。更大的问题是，一些川菜大师或者貌似大师开的高端川菜馆，纷纷视麻为蛇蝎，畏辣如猛虎。他们匆匆从故纸堆里刨出几个不辣的老菜，然后，好像坐进了川菜正宗的太师椅，自以为足以传道授业川菜对食材味性味相的认识和尊重，其深至微，其广达远。川菜恰恰正是依靠对食材的整体深度理解，对食材之味的极致追求，创生构建出中国菜系中最具美学意义的味道谱系。

解惑，足以为川菜传承道统。

川菜的麻辣真的有罪吗？说些整些不麻不辣的，就是捍卫了川菜的尊严，挽救了川菜的命运吗？这里，我必须用一句粗话：虚个毛线怕个球！虽然，鸡豆花"吃鸡不见鸡，叫豆没有豆"，颇有小哲理的意趣；虽然，开水白菜化至繁为至简，尽见文思的清雅。但是，占有川菜百分之七十左右的不麻不辣的菜品，是川菜最大的特色所在吗？川菜独具的魅力，主要是靠这百分之七十呈现吗？纵横天下，驰骋饮食江湖，谁才是川菜英雄？

从写《我的川菜生活》到现在，我始终以一个川菜小学生的态度学习理解博大精深的川菜。近20年自认为还算老实认真的学习，让我今天开始明白了：川菜之所以能够在中国众多菜系中风云崛起，卓然独立，核心靠的就是麻辣；川菜的灵魂于"重在味变"之中，坚持追求味正、味本、味浓和味之丰富；滋味与口感变化到神鬼莫测的麻与辣，正是川菜绝世才华的灼灼精华。今天，川菜给人"一辣到底，百菜一味"的误解和危机，试图靠不辣不麻的老菜品来解决，弱化川菜麻辣的菜系风格，丢掉川菜最大的优势与特色，近乎杀鸡取卵，饮鸩止渴。

改革带来的问题，只能靠继续改革来解决。麻辣带来的问题，也只能靠深入麻辣来解决。面临无数的危机与困惑，川菜向何处去？我的理解是，回到本源，坚守灵魂。川菜之本，就是味道。川菜味道美学的两条基本原则就是味正与味变。味正守菜式的本格，味变求菜式的丰富，守正求变，道之大焉。

我的川菜学历之中，有一个非常大的发现和感动：川菜从来就不是什么放弃食材原汁原味、不尊重食材本味的菜系。不用麻辣，但求清淡，并不等于是对食物的尊重。川菜对食材味性味相的认识和尊重，其深至微，其广达远。川菜恰恰正是依靠对食材的整体深度理解，对食材之味的极致追求，创生构建出中国菜系中最具美学意义的味道谱系。对辣椒与辣味的长袖善舞，执本创变，正是源于川菜对辣椒这一食材身心相倾的惜爱和领悟。现在的我认为，凡是妄论川菜不尊重食材本味的，要么出于无知，要么其心可疑。今天，川菜最大的危机不是辣了，而是对辣椒，对辣，严重缺失了正本之知和融变之道。还是我说过的那句话：以辣决胜千里、纵横天地的川菜，数百万川菜厨师中，真懂辣椒，善用辣味的，屈指可数。呜呼！浩浩川厨，以辣之狂独浮躁毁辣者多也，以弱辣弃辣败辣者有也，谁是让我百年川菜麻辣传奇风云再起的侠之大者？

欲说干辣，却满纸可能是杞人忧天的空谈，真是酸腐文人的痼疾。不过，青辣、鲜辣之后，干辣就是众辣之本。无本之辣，皆为浮辣。之所以散说玄论，意在表明，对辣的格物致知，就是川菜对食材的倾心以求。

贰

辣子味，在川菜三千菜品中，所占比例并不多。干辣是否可以确定是其中一味，百年川菜至今，也几乎没有谈及。我把干辣列入辣子六味之中，好像为了语出惊人而故弄玄虚。如果叫我说出几个以干辣为主味的川菜，我老老实实承认，还真说不出来。

但是，这世间偏偏就有许多仿佛落不到实处的东西，几近无相无形，却难以捉摸地影响着、甚至决定着实实在在的万事万物。事物之本，往往是在物华葱茏的时候，便隐身于深微。人们也往往就只看见纷繁与流变，忽略甚至忘记了人之初，物之本。饮食一道，在人文化成、味变如幻的川菜中，百年以来，始终以食材的质本、饮食的初心，不断地收敛着烹饪者的浮躁与张狂。能够正本清源，在食物之本和烹调之变中推陈出新的，就是继往开来的大师。在我人至中年的时候，陆续认识了其中的几位。20多年来，我一直引之为人生的大幸。他们各有绝学，但是，有一个道理，大师们几乎众口一辞：向食材本身要味道，在烹饪中，尽食材的本性本味，然后，变之以调和，新之以巧思。我从中理解到，川菜对辣椒的孜孜以求，就是对食材的物尽天性。而固执地把干辣列入辣子六味之中，除青辣、鲜辣外，并以此为众辣的骨本和底香，正是企图窥见川菜味道美学本格味变的精髓。

四川泡菜，很多年来，都让人感觉是川菜饮食江湖的一种秘学。虽然，过去的川人，几乎家家都有自己的一坛或者几坛子泡菜，但是，如何才能在咸鲜的底味中让酸、甜、辣、香、脆各尽其妙又浑然天成，很少有人说出过子丑寅卯。于是，怎么才能让盐水不生花，如何久泡也不软烂，泡菜太酸有没有法子去酸，要让泡菜生香有什么方法，这些好像都成了诀窍秘技。更有泡辣椒

此处，我拿泡菜说事，只说干辣。四川泡菜，无论是正吃，还是入菜，都是川菜的风流得意。但是，百年现代川菜，有史留名的泡菜大师，只有"朵颐"餐厅的温新发一人。

坛子里放活鲫鱼，就是鱼香的秘密；坛子里加味精，就不会变酸等等似是而非的迷说流行。关于四川泡菜，会在以后讲述泡菜味（泡椒味）中，尽己所知，细说与大家。

此处，我拿泡菜说事，只说干辣。四川泡菜，无论是正吃，还是入菜，都是川菜的风流得意。但是，百年现代川菜，有史留名的泡菜大师，只有"朵颐"餐厅的温新发一人。大师绝艺无人相传，只留下20世纪50年代口述整理的一册薄籍。为爱泡菜者计，我把册中泡菜盐水的初起之法，原录于此：

取食盐研成粉末，在木桶或者盆内加水搅拌调匀，待澄清后，去净水面的泡沫，取清亮部分使用。剩余的沉淀物再加清水取净咸味。盐和水的比例为0.8比10。

为了使泡菜盐水的色、香、味俱佳，加速盐水发酵和易于保存，还应在泡菜盐水内，加放绍酒（黄酒）、干酒、甜醪糟水、干红辣椒和红糖等佐料，草果、花椒、八角、香菌和排草等香料。在澄清的20斤盐水里，可加绍酒5两、干酒1两、甜醪糟水2两、红糖6两、干红辣椒不得少于1斤。再将草果1钱、花椒1钱、八角1钱、香菌1两、排草1钱（切成一寸短节），选择好者，去净泥沙，用麻布包好做成香料包，放入盐水内同泡菜一起浸泡。

当我重读到"干红辣椒不得少于1斤"10字，心中自语：真大师，不欺我也！很多自诩做得一手好泡菜的人，都说是靠泡新鲜红辣椒取其辣味，更有甚者，是加大量的新鲜小米辣。他们不知鲜椒入坛，自为吃食。鲜椒之辣，在发酵过程中更多是吸融盐水的味道，辣味虽有溢出，却因为发酵而变得鲜酸，难以再给所泡之菜浸润正辣之味。过去，我起新盐水，误学旁技，用清水熬煮干红辣椒，以为这样可以速得其辣。然而，干红辣椒迅速耙烂，高温逼出的椒辣，薄而燥烈，还有水臭。温新发大师直接用干红辣椒浸泡，正是深谙只有干红辣椒固锁住了本辣和辣香，不会因轻易散发而失味，让辣虚浮；让干辣的辣与香，在低温的盐水中，自然慢慢发酵滋溢，既保持了辣的正味，又保证了辣的醇厚；而不得少于1斤的重手，不是要泡菜辣口猛烈，只是干椒骨硬，须得多而久，才能辣稳香正。

大师10字，坚定了我的干辣之思。谢谢温新发老师！

叁

川菜中，有青辣、鲜辣、麻辣、酸辣、香辣、煳辣、酱辣、泡辣一大堆，还有其他诸多味型中也用辣椒，如鱼香、怪味、家常、干烧。一根小小辣椒，被川人调教得七巧玲珑，遂心如意。如此恣意放荡的辣椒之欢，本该满足了人们的迷辣之欲。但是，千年以来，"好辛香"的四川人，几百年前得了辣椒，不让辣淋漓尽致，怎么能善罢甘休？懂了辣椒的四川人更是懂得，天然是初心，至味在正本。要体味辣椒骨子里的热烈与香艳，干辣才直接、强烈、纯粹。真会吃的人说,这叫味道的干净。

烤串串,要一个干辣椒面碟子;烫串串,要一个干辣椒面碟子;涮火锅,香油碟子之外还要一个干辣椒面碟子;切一盘卤猪耳朵或者拱嘴(其实是几乎所有卤物),老板肯定要加一包干辣椒面,嘴巧的老板还会说一句:卤肉蘸辣椒面,绝配还是正份。白水素菜,南瓜茄子四季豆,也要蘸着干辣椒面吃。老四川人说,吃耍嘴不蘸辣椒面,就不配叫做香香嘴。

川菜有那么多应接不暇的辣味,为什么还要这一碟干辣?你问妹子,妹子说:香三。如果你再问:那么多辣,就不香吗?妹子会盯你一眼:问啥子问嘛?你吃三。其实,一个香字,已经说尽了干辣的真味。干辣于辣椒的千变万化,独有的天然之香,就在于突出了辣椒的本香本味。这是辣椒直接站了出来,不要打扮,没有花哨,裸辣扑面而来,只是诱惑。川菜以百变之巧,演绎了辣椒的花样年华,依然值守着干辣的原香原味,这就是川菜之正。守正求变,才是王道。做人做事做菜,都是这个道理。可惜,懂得并且实践这个道理的厨师不多了。

串串香,名起于乐山牛华镇。许多外地人屁颠屁颠跑去吃,我也是其中一个。秘密武器一是汤锅底料风味独特,另一个是干碟特别香。很多年前,我第一次去吃的时候,就着迷于那一小碟干辣椒面,除了辣椒纯正浓烈的辣香,还有一种独特的干香。正是这种干香,让汤料中烫涮后的串串,滋滋油气中,正香不妖不异。已经被败坏的七滋八味谄媚得厌倦的口舌,在味道的昏昏欲睡中,猛然一惊:遇到滋味的正神了!当遇到难得的至味,我们都是幼稚的。于是,我厚着脸皮去问老板娘:你们的干碟子太巴适了,能不能说一下,咋个弄的呢?老板娘白了我一眼:凭啥子给你说嘛,各人吃!

在接下来的一个多小时，锅里的七荤八素，我心不在焉了，眼鼻嘴心全在面前的一碟干辣椒面里。我细细地拨弄，慢慢地品尝，不管伙计是否乐意，要了一碟又一碟。当我再次找到老板娘，把我似乎的若有所知告诉她，她惊诧的表情证明我发现了干碟独步之香的秘密。这碟干辣椒面，开启了我对干辣椒在川菜中的味思，我将在下一篇《干辣香从何处来》中，细说深隐于川菜辣味谱系中干辣的一些小巧。此处，我要引用两个美国人在《辣椒——点燃味觉的神奇果实》一书中的两段话。一段是：

> 在相同的分量下，干辣椒比厨房里的其他任何一种作料都更够味儿。辣椒经过干燥处理后，味道更浓、更重，其中的糖分也更集中。所以，干辣椒往往比同类的新鲜辣椒更具独特风味，其口味浓厚、复杂。

> 请注意"糖分"一词，好辣椒是有甜味的。干辣椒集中凝聚的甜味，是出香的隐秘。

另一段是：

> 熟悉并理解干辣椒，就像是学着品酒一样，二者在很大程度上，都是在培养敏锐的味觉，使之对美妙滋味的广度和深度更加敏感。

我不知道，我们以擅长麻辣得意于饮食江湖的川菜厨师，有几个对干辣椒具有这样的理解。如果没有，我想请热爱川菜并以此为谋生之计、乃至毕生事业的川菜厨师明白这一点：只有百余年历史的现代川菜，虽然已经名扬天下，但是，相对于中国其他菜系，相对于世界饮食殿堂，我们还是学生，我们才刚刚开始……

卷
三
干
辣
篇

干辣香从何处来

那次，我在乐山牛华镇串串香店里，对一小盘干辣椒面，反复拨弄了很久以后，发现了一个秘密：辣椒面里没有辣椒籽。

在这之前，我吃到的所有辣椒面，包括我奶奶、我父亲自己舂的辣椒面，都是有籽的。但是，这里的就居然没有。有籽的辣椒面，蘸吃的时候，椒籽偶尔会沾在舌头或者口腔上腭，很叫人讨厌。难道老板悉心顾念客人，专门把辣椒籽去了？应该不会，一个乡镇上类似苍蝇馆子的小店，老板用不着如此麻烦。我又很多次翻看和细细品尝，终于看到了一些细小的颗粒，虽然表面沾着辣椒粉的红色，但仔细察看仍然能看见隐隐的露白。这些颗粒，可以确定不是白芝麻粒。因为，芝麻粒就明明白白地混在辣椒面里，一颗一颗的，虽也是舂过，却依然分辨得出来。我心里一动，觉得这些隐白的颗粒，就是专门舂细了的辣椒籽。

根据我做菜的经验，要把辣椒籽舂细，必须单独烘焙辣椒籽。如果是辣椒皮与辣椒籽一起烘焙，皮脆了，籽还是生硬的，等籽酥了，皮肯定全糊。所以一定要"壳壳炕壳壳，米米炕米米；分开舂，合起用"（这句民间俗语，是我后来才听一个老人说的）。辣椒最辣的部分是辣椒里连着蒂的胎座，最香的部分就是辣椒籽。绝大多数厨师，不管是买还是自己加工辣椒面，都是辣椒面里加芝麻，加花生碎，固然添了香味。但是，真懂辣椒、懂干辣之香的才知道，只有辣椒籽带来的才是辣椒的正香。

皮籽不分。结果是，辣椒骨子里的干香没有激发出来，吃着还不舒服。后来，我在重庆磁器口一个小辣椒摊上，终于看见了一个老大爷，把干辣椒剪成短节子后，用筛子摇簸，筛出椒籽；然后，壳与籽分开炕熟，再用石臼分开舂细，最后合在一起。大爷说，只有这样，辣椒面才够香，他一辈子都是这样做的。我想，这种方法，民间应该流传很久，只是很多人嫌麻烦，因此没有广为人知。牛华镇的老板不过是学了此法，便兴隆了生意，并藏私为诀窍罢了。

辣椒面里加芝麻，加花生碎，固然添了香味。但是，真懂辣椒、懂干辣之香的才知道，只有辣椒籽带来的才是辣椒的正香。我还听说过，有人把干辣椒分椒尖、椒腹、椒尾分节烘焙，不同部位的椒节，所用火候和烘焙时间也不一样，这就讲究得更深细了。椒腹、椒尾皮质厚实一些，烘焙的时间也要长些。而且，这部分辣椒节子做煳辣，煳辣香味更浓烈和沉稳，椒尖皮薄，做煳辣有些轻浮。

现在，川菜中用的辣椒大多是川外产的，特别是二荆条，本是成都东山一带的最好。可惜，那些世代生养辣椒的一方水土，都被高尔夫和房地产抬高身价了。几元钱一斤的二荆条，居之不易，虽然它古有"二金条"之称，但毕竟不是金条子。真是了，我们也用不起。但是，成都阴天多，辣椒长得慢，水土和光阴的好，就在辣椒中沉积得更多，颜色虽然不够红艳，香却纯厚。做成干辣椒，才得来川菜干碟、火锅、红油、炝辣、煳辣的独步之香。即使做成辣子豆瓣，用作泡菜出辣，发酵之中，也别有异于天下辣椒的风味。现在，几乎所有川厨更愿意用贵州、河南、陕西、甘肃产的二荆条，那些地方日照强，辣椒身形肥硕，红得惹眼，入得菜中，煞是好看，至于香、鲜、甜，差就差点，反正能吃出辣的深味者也没有几个。这是一个颜值当道的时代，好看就是卖相，皮囊里有多少货色，没几人去较真。

　　说到红油，懂得干辣椒个中三味的，定要在炼制中保留几分干辣之香。特别是炼现做现吃的熟油辣子，要油辣、煳辣的底子里，还有辣的干香。油辣子不是诗，好的却一定有韵味和余味，让人在口舌的满足中，有着一些意外的欢喜。所以，炼熟油辣子不能一次性把滚油全浇淋到辣椒面里。菜籽油熟透了，要离火降温，四成温烫就好。先用一些热油把辣椒面搅拌均匀。这些温油滋润了辣椒面，保住了辣椒的干香，润润的温湿，便能承得住后来滚油的激烈。如果一下滚油全淋，就是一罐糊油了。我认为，用干辣椒坏尽干辣之香的厨师，当不起"川厨"二字。

川菜的味道美学·辣椒真味

煳辣篇

煳辣之香

　　云贵川三省，地处西南，大山连绵，江河纵横而湍急，人民崇文好武性子急。饮食上，共同的嗜好就是辛辣。不过，贵州野，云南怪，四川和。如果单说吃辣的狠劲，川人当退避三舍。有一句话说，贵州人没有辣椒，就不吃饭。更狠的话是，不吃饭也要吃辣椒。"贵州人生得恶，吃酒下辣角。"那些一口干煳辣椒一口酒的贵州男人，不走天下的原因，是怕出了贵州就找不到够劲的辣椒下酒。

　　贵州人爱辣椒，爱到变着花样捣腾。糍粑辣椒，油辣椒，鸡辣角，煳辣椒……一大套吃法。其中，大家经常吃，几乎都爱吃的，就有煳辣椒。他们还把煳辣椒分为油煳辣和素煳辣，自然的阴阳与人生的荤素，就都在这一口辣香里了。煳辣以贵州为最，贵州关岭断桥的柴火煳辣椒，更是煳辣一绝。川菜中的煳辣，当是师承贵州而来。如果追根溯源，深入到川菜的历史和菜品构成的发生中去，就会发现，近现代川菜无论味型还是基本菜品，许许多多都能从其他菜系中找到原型或者元素。川菜，是几千年中华饮食共同哺育滋养而出的。虽是宠儿，尤当念祖。川菜在自己的创新发展中，需要不断地寻根，始终从整个中国饮食的大文化中吸收营养。这一点，川厨自当铭记。

煳辣椒，是辣椒从青转红、由红至干一路走来的生命绝尽，再往后就是灰飞烟灭的大劫净空了。但辣椒真要适度煳化之后，才会散发出青、红、干椒时所没有的独特椒香。悉心观念体察万物，每每发现，很多生命都会在最后的时光或者境况中，拿出一生的精髓和全力成就自身的极致。人类中的一些，垂垂老矣也能如此，我尤为感动和尊敬。煳辣椒虽然是人为所成，但以枯焦干煳迸发一生的至香，来世一遭，算是对得起日月雨露的恩情了。

辣椒煳化后，所含的辣椒素被破坏，辣度降低很多。事物的此消彼长，总是讲述着对称与平衡的法则，辣减少了，香却更加奇异浓烈。虽然，辣不是味道，但整体还在味觉体验之中。煳辣把味觉体验大量转移成嗅觉的感应，这是一种辣变的狡计，好厨师总能从中会心一笑，化而为艺。贵州人做煳辣椒，大多做成蘸水，甚至直接当成一份菜，下饭下酒，就是吃食。四川人的口舌没有这么耿直，往往是作为调料，只取煳辣之香，所以有了许多炝辣、煳辣的菜品。饮食的好恶，口味的异同，根子在水土和习性。我常常从饮食的缝隙里，看到人群艰辛而细致的生活，并由此感慨，不知人生的五味，不足言一菜一汤。不过，干辣椒煳后更香的缘由却与人的悲欢没有什么瓜葛，答案还是在辣椒本身。

煳辣的香，与青辣、鲜辣、干辣的香气比较，犹如酱酒之于清酒。它气息张扬而浓烈，把骨子里的辣燃烧成一种火气。只有煳辣才是真正的火辣。懂得辣椒的就能解语异香的秘密：它来自一种甜味物质，叫糖分。好的辣椒心是甜的。前面的文章中，我引文说过，辣椒深处是甜的，干辣椒凝聚了更多的糖分。正是干辣椒中的糖分，在煳化的过程中，糖分焦化，产生出犹如焦糖的香气。这种香气非常接近咖啡的味道，让人兴奋和喜悦，与辣椒素刺激下分泌的内酚酞相互勾结，在感官的觉醒中，撩动味觉与嗅觉。

这就是煳辣之香的隐秘，这是糖的高级香。把生命状态逼到临近毁灭，就是让生命的精华毕其功于一役。这是食物的死亡哲学，是味道的灵魂出窍。它打动的不应该仅仅是我们的鼻子和嘴巴，还应该有我们对美食的多情。甜是我们降生于世的初味，煳辣化糖为香，唤醒的正是我们身心深处的味道记忆。

所以，好厨师做煳辣，一定会选择含糖量更多的辣椒。并且，无论是柴火灰里烘，火上烤，还是热锅里干焙或者油炒，都拿捏好火候，准确地掌握干辣椒煳化的程度，以此得到因菜而异的煳辣之香。问题是，我们川菜有多少这样的好厨师？

煳辣的甜和辣

煳辣的香味主要来自干辣椒隐含的糖分，但这并不意味着，越甜的辣椒，做煳辣就越香。

小时候吃什么东西，都更喜甜味。所以，辣椒之中，我就觉得甜椒最高级。那时，奶奶买的甜椒是扁扁圆圆的那种，要挑带着紫红的。红透了就不清脆，也全无辣意了。奶奶说，辣椒就要有点辣味才好吃，叫啥，就要是啥。长大了，我慢慢明白，叫人，就要有人味。我记得，甜椒又叫灯笼椒，真像过年时，挂在有钱人家门口的灯笼。这种灯笼椒，用来炒甜椒仔姜肉丝最好吃。仔姜的香和辣与甜椒的清甜，油滋滋地和肉丝纠缠在一起。这是穷人家的奢侈了，吃肉就难得，仔姜和甜椒也贵。我也不知道，一向节俭的奶奶，为什么一年中，总是要在仔姜、甜椒上市的时候买来一些做给我吃。我知道奶奶很疼我，可能因为爱就舍得吧。不过，这种甜椒虽然甜味明显，但做不了煳辣。做煳辣，要干辣椒。我至今没有见过，有谁把甜椒晒干再用。甜椒好吃，就在于它微辣中的清鲜脆甜。很多事物，好就好得那么短暂，好过了，就够了。人却不行，人要一直好，还要更好。谁叫我们是人呢？天地之心，五行之秀，得了天地自然、世代先祖那么多恩泽，就该始终是好的。虽然，这不容易，但这是应该的。

从书上知道，最爱吃甜椒的是匈牙利人。匈牙利的塞格德是世界甜椒栽培中心地之一，不仅有甜椒博物馆，还出了一位因为甜椒得了诺贝尔生理学或医学奖的科学家，叫圣捷尔吉·阿尔伯特。他偶然从甜椒中发现了抗坏血酸，也就是维生素C。甜椒中所含的维生素C是橘子或者柠檬的5至6倍。其他辣椒中维生素C的含量也远高于大多数蔬果。现在，药店里的维生素C非常便宜，功劳就归于这位匈牙利科学家。想起40多年前，我的初恋女友患急性肝炎引起并发症，造成血坏死，就因为找不到维生素C，17岁就离开了人世。四川是辣椒大省，普通人却用不上维生素C，要知道，那个"甜椒"诺贝尔奖，1937年就颁发了。对于那样一个时代，很多人不知道；知道的，也很少提了。当苦难不能成为记忆，记忆不能成为思想，我一个老弱酸腐的文人，能说些什么呢？

还是说甜椒，说煳辣吧。

干辣椒的煳辣之香源于辣椒中的糖分。但是，最甜的甜椒，在四川，因为没有人把它做成干辣椒，所以，也就与煳辣无缘。至于是否可以用现代烘焙技术让甜椒迅速干燥，试一试能否产生更浓的煳辣香，就留给研究辣椒的专家和专味于辣的大厨吧。对于我，说煳辣，讲甜椒，只是想说明，不是有甜味就可以得到煳辣的独特之香。如果可以，我们不如直接把糖炒煳就行了，何必扭着辣椒不放？干辣椒中的糖分是与辣椒的全部精粹凝聚在一起的，在煳化过程中，糖的焦化与辣意在热烈中的绽放，是瞬间，是同时，是交融而出的。因此，做煳辣的干辣椒，要辣度和含糖量都达到较高的程度。我试过成都本地的二荆条干辣椒，做红油，做熟油辣子，做干辣椒面碟子，都非常香。但是做煳辣椒，煳辣的香气就不够浓烈。特别是采摘得早的，没有完全成熟红透、靠离枝后慢慢晾干泛红的二荆条，做成煳辣，香气薄浮，散而短暂。究其原因，应该是生长没有达到巅峰，凝聚的糖分和产生的辣度都不够，所以，二荆条虽是辣椒中香之娇子，毕竟太嫩了，怎么做也拿不出生命的浓郁深厚来。

因此，做煳辣的辣椒，定要春末夏初才挂果的。经过了整整一个夏天的阳光之烈，雨水充沛，土壤丰肥，入秋之后，昼夜温差起落更大。这样在枝头红正长够的辣椒，又在秋高气爽中，很快地晒干，糖分和辣度都足够，才是做煳辣的正材。而且，还要选择新鲜时粗长挺直、干燥后依然有硬度、有韧性的。只有辣椒中的硬汉，才能化刚烈为大香，在油炸火烤中，煳辣狂化出辣椒一生的阳刚。当然，不同的辣椒带来不同的煳辣，不同的菜式需要不同的煳辣。大多数时候，我给厨师说这个想法和希望，他们中的大多数会用奇怪的眼神看我，好像在说我多事。也许，对于当今的川菜行业，我就是一个多事的人。

火烤煳辣椒之思

　　贵州人做煳辣椒面，讲究的，一定要柴火烧锅，小火慢炒。看颜色，闻香气，以此拿捏火候和时间。炒好以后，还一定先要用手搓，搓成煳辣块，再用擂钵舂细。他们说，煳辣椒做得好不好，全在一双手上。买煳辣椒面，不用撮一些煳辣椒面，做出一副懂行的样子，看了又闻，闻了又尝。只需要闻闻炒辣椒人的那双手，做得好煳辣椒的手，据说怎么洗都有一股辛辣的香气。定要手搓，似乎有些故作神秘，其实，那是真功夫，手搓之中，才会感觉到辣椒的油气和散碎的程度，是否恰到火候。

　　川菜虽然名冠天下，但要说做煳辣，真还得老老实实向贵州人学习。现在，一些川菜厨师有了见识和眼界，学日本料理，学法国大菜，甚至很先锋地学上了西班牙的分子料理。我就很少听说，有哪位大厨专门跑到贵州的山沟里，谦虚认真地把糍粑辣椒、煳辣椒、油辣角、豆豉辣椒、烙锅辣椒……一大套做辣椒的本事学回来。还是那句话，以麻辣决胜天下的川菜，没几个厨师真懂辣椒。这十分荒唐，万分危险，但却没几个人觉得这算一个事。

　　做煳辣椒的方法不外乎这样几种：一，直接火烤；二，柴火灰焐烤；三，干锅慢炒；四，油锅快炒。

用火烤的，要用草木火或者木炭，凡是偷懒在煤火、煤气火上烤煳的，都会羞污了辣椒的香味，落在烹饪的邪道。草木小火燃烧时，火气温和，而且火劲的强弱厚薄时有变化，加上草木的烟熏气息，烤出来的辣椒，煳香自然浓厚。恰恰因为火苗的飘忽与火力的不定，再加上烘烤的时候辣椒离火的远近也时有不同，烤出来的辣椒煳化程度不均匀，煳香和辣度就有了层次。

日本料理大师小山裕久在他的《日本料理的神髓》一书中说："如果是烧烤，尤其是使用炭火的情况，想让食材整体被同样的热源进行均一的加热，是相当困难的。只要跟热源之间的距离有微妙的不同，就会让加热的温度出现剧烈差距。"小山裕久是在讲掌握烧烤火候的难度，但是，对于火烤煳辣椒，反而正是这种难度形成的煳化不均，天意般成就了煳辣椒丰富而富有变化的煳香。

这是火烤煳辣椒与其他三种做法最大的分别，柴火灰焐烤、干锅慢炒和油锅快炒，辣椒受热大致是均匀的。即使是一大锅辣椒慢炒，无论是单根辣椒还是整锅辣椒，也会随着翻炒的时间，慢慢达到相对整体同程度的煳化。因此，火烤煳辣椒相比另外三种方法做成的煳辣椒，煳化重的部分煳香浓，煳化轻的部分，辣香和辣度保留得多一些。这种香辣兼备、味感丰厚的煳辣椒，手搓碎或者舂细后，做蘸水碟子和做干碟，最是吃家的爱口。可惜的是，现在懂得或者愿意深究煳辣之变的川菜厨师凤毛麟角。在绝大多数川菜厨师那里，只要把辣椒整煳了，就是煳辣椒，而所有的煳辣椒都是一样的。

在当代世界美食的殿堂上，日本料理深受尊崇。每每把现在的川菜餐厅与顶级日料餐厅的出品比较，我作为一个深爱川菜的研学者，不但有隐隐的自惭形秽，还有难以言说的心痛。曾经，现代川菜开创性大师蓝光鉴先生，以绝妙的干烧之法，把鲁菜的葱烧海参融变为川菜的经典；曾经，把市井的川菜提升到诗意天空的川菜大宗师黄晋临先生，化腐朽为神奇，用世人弃之与猪的豆渣烹出惊艳绝世的豆渣牛掌，让饮食江湖领略了川菜的大雅大俗；曾经，当代川菜大师卢朝华先生，用小坛浸泡的甜酱油、炼至青黄的菜籽油熬制的红油、轻度氧化的蒜泥、片刀游刃而出的云肉，让一道普通的蒜泥白肉至臻极品。川菜要想重新企及饮食美学的高峰，必须等待领悟了厨道的新一代真厨从现在的庸碌中脱颖而出。我不知道，这样的等待还要多久。

仅仅是火烤煳辣椒，就需要厨师对所选辣椒的精准理解，需要对火候的细微把握，需要对味道的痴迷和敏感。一根可以做成蘸水，与所烹食材天作之合、让煳辣之香足以动心的煳辣椒，在我迄今为止的饮食生涯中，也还始终是一种等待。

煳辣四法

壹

　　火烤煳辣椒，最是偷不得懒。用柴火灰烘煳辣椒，可以一把辣椒埋进去，均匀铺好，就可以不管，等到还带着一点火气的柴火灰冷却，煳辣也就自成了。干锅或者油锅炒，虽然自始至终离不得手，也可一炒大半锅。从量上说，算是做煳辣的事半功倍吧。火烤却不然，只能几根甚至一根一根地烧烤。偷懒的人可能想，在木炭火上支一个铁架子，平铺上一排干辣椒，不就可以一烤一堆吗？可惜人无千手，一根根火上的辣椒都需要不停地翻动，即使忙得不亦乐乎，结果只会是顾得了左就顾不了右，顾着了屁股就顾不着脸，最后落得的就不是香脆的煳辣椒，而是一堆黑乎乎的煳炭灰。

　　所谓天道酬勤，福报辛苦。正是火烤要人手持串着辣椒的签子，最多一次几根，在控制着火力的柴火上不停旋转着熏烤，成就了煳辣的极品。始终以手相持，就可以随心如意决定每一根辣椒熏烤的部位和时间。椒皮肉厚的部分烤深一点，薄的地方就要烤得轻浅；加之旋转摆动之中，离火的距离时近时远，辣椒受热不会平均，整根辣椒煳酥的程度自然不尽一样，烤出来的煳辣我只是一个深爱川菜的酸腐文人，纸上谈兵，理中弄玄而已。倘若读我字者，有一二厨痴，偶有所思所悟，做菜之时，化入点滴，我就算没有白写了。

椒，煳香煳辣就多了层次和变化。这种蕴含于物的细微，我们称之为内涵。一根有内涵的煳辣椒，在煳辣的众香之中，我心许为至尊辣。

火烤出来的煳辣椒，和柴火灰烘埋的一样，都隐隐有了一点烟火的气息，火烤的还多了几许熏的香气。糖分适度焦化的焦糖香与烟熏的香，已经脱离了群香谱里的芸芸众生。香中的那点煳气，辣中的些许苦味，烟熏带来的古怪，对了，还有一丝味道的苍老，就是这丝难以体味的苍老，让许多浅薄的口舌甚是不欢喜。

无论是事物还是人，要达到存在的顶峰，就必须放弃世俗的万千宠爱。极致的食物犹如高山流水，懂得的、深爱的，人海茫茫中，只有寥寥的少数。够得上顶级的火烤煳辣椒，褪尽了常人所喜的甜美与脂粉，甚至连兰花的隐者之香、梅花的孤冷之香，与之相比都显得过分沁人心脾。没有什么大巧大智的化境，有的只是皱巴巴的拙、老、枯、干。在我的饮食感受中，极品的煳辣，近乎对世人口味的不屑。正是这种拒绝了平衡和中庸、逼近极端的焦糖香和烟熏味，以及与之接近和相似的味道，代表了味道谱系中存在的高级。能够接受甚至嗜好这种怪异的人，彼此引为知音，经常独立于饮食群众之外，自成似乎脱离了低级趣味的圈层。如津津乐道于带碳化味的普洱茶，如固执选择有泥煤味的威士忌，如痴迷爱好偏焦苦味的黑咖啡……他们是少数，是值得尊敬和同情的极少数。因为，符合他们饮食美学标准的食物，这个世界真的不多。但愿他们对米饭不会如此苛严，不然，可能真要挨饿。

幸好，火烤煳辣椒在食物界中只是一种普罗大众般的存在。而且，对煳辣椒也要挑剔三分的吃家，要么已经被气死了，要么就是疯子。不过，于我而言，那么辛辛苦苦用心费时烤出来的煳辣椒，接下来就更不该马虎对待。用手搓碎，至少是用石臼舂碎，时间的长短不一，用力的轻重变化，才能使出品的煳辣椒碎有粗有细，香辣兼备。现在，几乎所有的餐厅和厨师，都是用破壁机、碾磨机等一机磨细，简便、快速、低成本，也几乎是所有老板的不二法则。对此，我一个在伙食中揩伙食的名利场中人，无资格也无话褒贬臧否。很多餐厅老板很认真地对我说：石老师，如果按你写的要求和标准做菜，餐厅早就垮了。所以，我借此提醒广大的老板和更广大的厨师，千万不要听信我文章的胡言乱语。我只是一个深爱川菜的酸腐文人，纸上谈兵，理中弄玄而已。倘若读我字者，有一二厨痴，偶有所思所悟，做菜之时，化入点滴，我就算没有白写了。

这样完全手作的煳辣椒，首先要根据煳辣椒的用途来挑选不同的干辣椒火烤。最不容易出错的选择是二荆条和子弹头辣椒。其次要根据用途和味道要求，掌握好火烤的手法与分寸。

贰

　　火烤，灰烘，干炒，油炒，无论哪种方法做出的煳辣椒，基本上都是用作调料。我觉得，就还是先把其他三法说完，再说调料之用，较为符合言说的章法。

　　用柴火灰焐烤，算是做煳辣椒的方便法门。过去，乡下人都是用柴草灶，锅中煮饭烧菜，柴草灰里就顺便烘烤一些食物，既省时省事，又不多费柴火。红薯、玉米、土豆，柴火灰里慢慢烤出来的，钻鼻子香。青椒入灰，就得烧椒；干辣椒烘烤进去，便是煳辣椒了。这是乡下人才能享受的懒，一生劳作辛苦的农民，吃几根煳辣椒，得点柴火的顺手，该是生活对他们偶尔的顾惜吧。做饭的时候，想菜有一个蘸碟，将就烘几根干辣椒，这在他们，自然简单。城里人就没有这样的方便。家中或者餐厅，讲究的，还可以火烤。即使煤气火烤出来不如柴火，而且总会有一点硫化的烟子味，但也算火烤煳辣椒。要柴草灰焐烤，就近乎无米难巧妇了。总不能为了一点烘烤的煳辣椒，专门烧一堆柴草，等烟熏火燎得差不多了，再焐些干辣椒进去。当然，如果有人为了彰显自己对美食的极致追求，定要以柴烧灰，以灰烤椒，我也是佩服的。

　　说是简单方便，但若没有经验，烤出来也会是又苦又黑的辣椒煳炭。一要掌握好柴草灰的温度，阴火烫灰，还不能再有明火从外面加温；二要把干辣椒根根单埋，让上下左右受热一致；三要拿准焐烤的时间，即使灰温不高，久了也就煳酥透了。烤得好的煳辣椒，无论是火烤，还是柴草灰焐烤，都要外皮煳脆，骨子里却还留着一丝韧性。不然，轻轻一搓全成了粉面。煳辣椒搓出来，要有粗有细，才香辣兼备。火烤的煳辣椒有一点烟熏味，焐

出来的煳辣椒，煳香更均匀自然，两者算是各有千秋。农人图个简便的法子，不经意间却成了做煳辣椒的正手。其实，天地间，好多事情，往往都是无心插柳柳成荫。我们经常为了所求所欲，使足了劲，固执固念，结果却与初衷相去甚远。柴火灰焐烤煳辣椒，装得很有文化地说，就是饮食中的无为而治。有好的干辣椒，有柴火灶，有顺便之心，条件够了，好结果自然就成了。做人，做饮食，孜孜以求和顺其自然，二而一，一而二，或者，就在二者之间吧。

我在家里的身份主要是伙夫。除了偶尔出外请客或应酬，几乎天天都需要做饭。虽然我读了、写了一些川菜的文字，背了一个川菜美食家或者川菜文化学者的虚名，但是日复一日的锅碗瓢盆，虽也有几分乐趣，更多的只能算家务了。所以，如果做菜需要煳辣椒，火烤和柴火灰焐烤，既麻烦，也没有条件，只能靠一口炒锅，一把锅铲，看菜所需，干炒或油炒了。

干炒煳辣椒，无油无盐，要的是辣子的本香。我炒的法子是，干干净净的锅，火上烧烫后，关火降温，锅热剩下六分的时候，把剪断、去籽、洗净、晾干水汽的辣椒节子放进锅里，利用锅的余热慢慢翻炒，让辣椒只有七分煳化，椒皮里面有些干酥便好。这样做，一是炒得不多，现炒现用，热锅的余烫足以让一菜所用的辣椒煳香了；二是去了明火，炒中就带了些许熏烤的意思，随着锅温渐渐下降，热劲的不同，辣椒煳化的程度从表面往里由深至浅，煳香就有了层次；三是正因为煳化不完全，辣椒就保留了部分干辣干香。与煳到家的煳辣椒相比，存留于椒的辣味和干辣香，让口感、味道都更丰富一些，搓碎或者舂碎之后，介乎煳辣椒和辣椒面之间，用作干拌菜，才合一个四川土人的辣口。

油炒煳辣椒，得了菜油的滋润，多了一分油香。油在其中，还有一点浸炸的意思，多少有些炝劲，做出来便是另一种煳辣香味了。油切切不能多，多则油乎，煳辣的香便不爽朗。火也要小，锅热油烫，若火稍大些，很快就煳焦了。油炒的煳辣色泽更亮，味香独特。不过，因为炒的时间不会长，煳化速度快，煳香就相对薄了一些。人作之事，总是这样，有所得就有所失，想事事占全，就是贪了。

煳辣椒的蘸水团伙

壹

辛辛苦苦做出来的煳辣椒，除了一些口劲自豪的贵州人直接用来吃饭下酒外，都是用作做蘸料或者做拌菜的调料。

云贵川三省的老百姓，许多菜食都喜欢打个蘸水。所谓蘸水，书面话叫佐餐的调味料，或一碟子，或一小碗，北方叫做蘸小料。蘸水大致分为干碟、酱碟、水碟、油碟。每饭必要蘸水，尤以云贵两省为甚。最野怪的是，居然有辣椒蘸辣椒。烧烤或者焐烤的青辣椒，还要蘸着干辣椒面或煳辣椒面吃。我试着做来吃过，入口前，煳辣之香扑鼻而来；入口后，先是煳辣的酥香，接着是烧椒的煳香，再是青辣的滋味。不过，这种吃法，需得吃辣的狠角才受得住，就像大肉大酒，不是莽汉或狂生，如何应对得欢喜自如。

做煳辣椒的干碟子，与干辣椒面碟子差不多，只是蘸素菜，最好用油煳辣。特别是无盐无油的白水素菜，煳辣中的一点油气，正好给过分的寡淡几分滋润，犹如绝好的容颜，即使素面，也要有一抹肤红，才显生动。吃肉食，特别是烧烤的荤菜，就还是素煳辣妥帖。干酥微辣中溢出的煳香，最服肉食的脂腴。煳辣干碟，煳辣椒面需得细一些，蘸菜的时候才黏糊得上。所以，臼中舂细最好，铁、木、石臼皆可，手搓的太粗，反而与食材有些生疏。同样道理，锅炒的煳辣椒就好，用火烤的或者焐烤的多少有些浪费。把合适的东西，用合适的方法，尽到合适的用途，就是珍惜。很多厨师要在煳辣干碟中加花生碎，加酥芝麻，觉得这样才够香。于我来讲，这虽不至于是画蛇添足，但至少流俗于饮食的浓妆艳抹。吃味，要不贪，不贪多，不贪杂。特别是香，单一纯粹才够高级。煳辣椒炒得好，一点辣、一点煳香就足够。当然，加点炒盐，提味提鲜，再有一点上好的花椒面，悠然的麻香让煳辣纯而不薄。

煳辣椒不做酱碟，做得最多的是水碟子。也许，正是因为辣椒已经历火至深，由干至煳，阴阳的法则无形中主宰着食物命运的反转。火烤的、焐烤的煳辣椒，在手搓中激发出骨底之香，此时，汁水之润才能让煳辣重新获得富有新意的浓淡厚薄。做水碟子，就当用火烤或者焐烤的煳辣椒，而且最好是手搓出来的。与汁水调和后，粗的煳辣椒碎主香，细的煳辣椒面主辣，各司其法，又混而为一。最最关键的是，做煳辣水碟一定要现做现蘸，断断不可打好蘸水等菜。煳辣椒沾水之后，最多一个小时，干酥全失，煳香散尽。另外，虽叫水碟子，汁水却不能多。水在其中，和味润燥，让食物与蘸水肌肤相亲。太多汁水，煳辣椒的香与辣就如人情一样淡薄了。

网上介绍了一个似乎权威经典的煳辣蘸水，原录于此：

干辣椒面、姜米、蒜米各10克，酸萝卜丁、折耳根碎各20克，煳辣椒面、盐、味精各5克，葱花、香菜碎、木姜子油各3克，拌匀即可。

这是一个贵州人常用的蘸水配方，我试过，滋味重，风味在我的口味情感中，拌折耳根，敢放葱和香菜，就是结仇。用这么多辛香调一个蘸碟，就是味道的炫富。更叫我的味觉伤感的是，我的煳辣呢？一点点煳辣香，淹没在七香八味中，我品尝到的，是煳辣的委屈。

浓，味道复杂。一方水土养育的一方人，自有一方的口味，因此，我无可厚非。对我来说，这个碟子有三点令我的口舌禁不住要商榷：一是无汁水调和，需要蘸食的食物与蘸料离皮离骨。我觉得，无论什么蘸水，首要是能让所蘸之物巴味入味。这个蘸水和起来，更像是一个小拌菜，如果单吃，味道很有特点。蘸食，就需得专门夹裹一点蘸料在菜里，吃起来麻烦，口感也有点各是各。二是味道太复杂，甚至有杂乱和重复中互相抵消之嫌。姜米的姜香，蒜米的蒜香，葱花的葱香，加上香菜的、折耳根的、木姜子的，还有酸萝卜丁的酸香。在我的口味情感中，拌折耳根，敢放葱和香菜，就是结仇。用这么多辛香调一个蘸碟，就是味道的炫富。更叫我的味觉伤感的是，我的煳辣呢？一点点煳辣香，淹没在七香八味中，我品尝到的，是煳辣的委屈。三是名为煳辣蘸水，煳辣椒面却只有可怜的5克，倒是干辣椒面大方地给了10克。我不禁弱弱问一句，这个蘸水的主味，到底是干辣还是煳辣？

贰

　　需要打个蘸水蘸着吃的菜，大多是炖和煮的。我喜欢这种做法，也喜欢这种吃法。首先，这样做起来简单，刀工、火候都不用太讲究。一个几乎天天在家做饭的"菜男"，虽然说菜时显得头头是道，落到手上做时，却还是经常想既好吃又方便。特别是人多的时候，炖或者煮一大锅，调一碗蘸水，每人分一个小碟，就是桌上一个大菜。更让我觉得此法甚好的是，炖或煮基本都不需要调料，甚至盐也不放。白水素菜，那就一点油荤也没有。川人尚滋味，的确，做菜的调辅料很多。于是，许多人说川菜不尊重食材的原汁原味。清炖白煮的菜保留了食物的原味，不同的蘸水又补上了味变的满足，这算是饮食的两相兼顾吧。

　　蘸着吃的菜，无论荤素，最根本的是吃食物的本香本味。因此，蘸水的调料一定不能复杂。第一，蘸水调成哪种味，一要顺着自己的喜好，二要根据所蘸食物的味性调配。圣人育人，因材施教，这个道理用在做菜上，因菜施味，也是相通的。第二，蘸水的味道主要是起补味的作用。有些食物本身的味道过于淡薄或者单调，就需得蘸料滋补；有些食物本身的味道过于隐深，就需得蘸料激发。不管是补味还是提味，蘸水都只是辅佐。像我上面引录的煳辣椒蘸水，10多种调料挤在一起，自身的滋味冲突抵消不说，用来蘸吃食物，真有点喧宾夺主。做蘸水的真理是：我们是用来蘸主料的，我们不是吃蘸水。不过，我经常看见，桌上摆一碗蘸水，许多人就真的只是夹着蘸料吃。问他们为什么这样吃，回答是，这样蘸更好吃。我不知道对做蘸水的厨师，该表扬，还是该批评。我想，我该建议他，以后，蘸水直接就是一个菜；或者，例如名叫蘸水肥肠，就不上肥肠，只上蘸水。

蘸着吃的菜，要以让所蘸之材更好吃为主，这应该不会有什么争议。但是，能做到这一点，只是做蘸水的基本。能既或补充、或激发、或烘托主材之味，又不失蘸水独有的风味特色，才是本事。煳辣椒蘸水，就是尽得西南天滋地味的饮食风流。

有一年夏天，大凉山的花椒挂果不久，满山椒树葱茏。我跟着凉山的朋友，吃过一次河坝羊肉。本来，一个文弱的汉人，夏天对羊肉，多少有些胃怯。但是，彝族人的礼俗就是这样，来了朋友，必须杀鸡；来了好朋友，就打一头羊子；如果打了一头牛给你吃，那你这个朋友在他们心中，不仅好，还尊贵。河坝羊肉是用烧得透心的鹅卵石倒进大铁锅里瓮熟的，如此煮肉，与山谷急流浑然相配。最叫我口舌欢喜的是蘸羊肉的蘸水。现用火烤的煳辣椒，手搓得有粗有细；掐一把花椒树的嫩叶子，切得细碎；因为花椒叶不够麻，又现剁了一些没有炒过的干红花椒；还有一大把切碎的野芹菜和野葱，都放进一个大土碗里，然后倒入半碗浑黄的汁水。我问倒的什么？朋友回答：泡菜水。这是我第一次吃到用泡菜盐水调的蘸水，它打开了我对川菜味道秘境的窥见之窗。几年之后，我在川菜大师史正良家里，再次听到泡菜水作调料的用法。这次不是做蘸料的汁水，而是用作家常圆子肉馅的调味。泡菜水的咸、酸、鲜、香，代替了盐和其他鲜味调料，有一种浓郁的山野人家的风味。我用刀从炖好的一大坨羊肉上割下一片，蘸上薄薄一层蘸水，煳辣的焦香被花椒叶、野芹菜和野葱独特的清香衬托出来，吃进嘴里，羊肉的鲜嫩多汁在煳辣、清麻、咸酸的浸润中迸发至香，人生第一次感受到食物的滋味如此饱满，如此纯粹，又如此富有变化。蘸水的味道不仅没有掩盖和削弱羊肉之美，反而突出了羊肉鲜甜的原味。

从这一碗彝家的蘸水中，我仿佛领悟了川菜调味的真谛。当食物本身的品质和滋味足够美妙，所有的调味、补味都必须服从一个原则，就是让食物的原味更加鲜明与丰满。而自然、原生的调料，更能让我们的味觉深入到食物之味的隐秘。从此，我调配蘸水，坚持简单、朴素和风味清晰。

叁

那个有10多种调料的煳辣蘸水，应该说，每一种调料都可以与煳辣椒搭配。根据所蘸之食，选取一两种，只要比例恰当，都是绝妙好碟。我感觉，做这个蘸水的厨师，可能小学的时候最喜欢做加法，于是认为，把所有好的加在一起，就是更好的。这10多种调料，与煳辣椒分而别之，至少是四五种风味不同、各有其妙的煳辣蘸水。但统统混在一起，互不料理，就是一群闹哄哄的七嘴八舌。好厨师做菜，用到调料，不求多，求品质，求准确，求精到。有一次，我在老哥们儿胡晓波开的餐厅里，吃到一个青年厨师做的凉拌耳丝，滋味平衡熨帖，猪耳的肉香与脆感被调料烘托出来，薄而不寡的众味清融，犹如中国画的淡彩晕染，清灵而生动。我请出厨师，求教用料和手法。那是一个腼腆的小伙子，他紧张地告诉我，没有什么技巧，就是红油一点点，蒜水一点点，糖一点点，生抽一点点，醋一点点……在他说了好几个一点点之后，我恍然明白，就是这个什么都只放一点点，成就了这道菜口感与滋味的出色。众味皆浅，和而至纯。调料的轻描淡写，似乎也在隐隐启悟我们：大道至简。

于是，无论手搓还是舂碎的煳辣椒，只需给一点姜米，一点盐，再稍稍多一点蒜泥水，就是煳辣香味浓烈、蒜泥香味撩动其中的煳辣蒜香蘸水；如果蘸食牛羊肉，加点花椒的麻香，略微突出一点香菜的清香，就是绝好的煳辣香菜蘸水；把香菜换成小香葱碎，煳辣葱香蘸水，蘸食鲜汤氽熟的鱼片，口舌足以欢喜。如在乡下山野，坡上沟边寻一些野葱、野芹、野生折耳根，切细碎了，与煳辣椒面调成蘸水，部分焦煳的辣椒会带一点苦味，野葱子或者野芹菜正好把这点苦味勾搭出来。在入口的辣香过后，有一种苦味深处的回甜，从口舌中生出，同时还有清苦与清香，让已有几分邪气的煳辣独得风味的野异。用折耳根和煳辣椒做蘸水，折耳根只能用根，并且要切得很细，分量却无需太多，不能压住煳辣香味。煳辣蘸水，不管所搭何物，都要以呈现煳辣味为主。川菜味道美学最简明的原则：味道鲜明。

含混、杂乱，都是味道表达的软弱。对食材和味道理解不够，或者烹饪功力浅薄，往往就不敢突出主味。很多餐馆的老板觉得自己的菜品也不错，可生意总是比菜更清淡，回头客人寥寥，分析来，研究去，也找不出原因。其实，问题常常就出在风味不够浓郁、味道不够鲜明上。煳辣是川菜辣味味型中，风格的个性化非常自我的一种，必须得到重视和强调，它才会表现味道的黏性。否则，它会把整道菜品变得十分怪异。就像很多餐厅的宫保鸡丁，由于厨师不敢或者不会突出煳辣味，一道川菜的名菜被模糊成了带点辣感、还有点苦味的酸甜鸡丁。他们不知道，正是辣椒煳化后降低了辣度，而辣椒的香在煳化中集中地激发出来，才使酸甜融合的柔和的荔枝味与煳辣香味在冲突中交融并趋于平衡，成为滋味层次丰富、风味独特而强烈的经典。经典不可草率，经典不可辱，为此，很多时候，我们把煳辣荔枝味尊敬地称为宫保味。

但是，主味突出，味道鲜明，绝不等同于单调。一味地辣，一味地麻，都是味道的孤家寡人。君臣谐和，主宾有序，从来是调味的基本法。除了甜与咸可以独立成味成菜，所有味道都需要其他滋味的应和与辅佐。煳辣做蘸水，不是多放些煳辣椒碎，就足以张扬煳辣之香。我曾经说过，调味的精髓是比例，还有一条是顺序。前者难以精准拿捏，后者却基本被忽略。人们常常说，一道菜，都是那些调料，也都是相同的分量，不同的厨师做出来，为什么味道会不一样？甚至，同一个厨师，不同时间做出来，也有差异。问题就出在被忽略的顺序上，调料相同，比例相同，但是，先放什么，后放什么，顺序变了，出品的味道就是不同。当一个厨师问，做煳辣蘸水，煳辣椒该什么时候放呢？我知道，这个厨师就快能做出好蘸水了。

卷四 煳辣篇

从煳辣蘸水说说调味的顺序

壹

前面说了很多煳辣蘸水的话，结尾还似乎故意吊人胃口，留了一个没有给出答案的问题：做煳辣蘸水，煳辣椒面该什么时候放？答案很简单：最后放。

无论哪一个菜系，调味都必须照顾四个方面：一，选择调味料品类、品质；二，各种品类的比例；三，各种品类放入的顺序；四，前三项都必须服从于所调味型的要求。有百年川菜的深厚底蕴和几代大师的传承，我原来觉得，应该有很多厨师懂得这四点，做到、做好这四点。现实的情况却是：一，很多厨师对食材中的调味料所知甚少，例如，以擅长麻辣而决胜天下的川菜厨师，能说出10种辣椒品种的，居然寥寥无几。很多厨师也不知道不同调味料的品级分类，有些即使知道，也因为成本压力，忽略对调味料品质的要求。他们炒回锅肉，大多用红油豆瓣，一个原因是不懂需要用发酵三年左右的郫县豆瓣，才能熬出醇厚的酱香，另一个原因是红油豆瓣价格更低。二，调味比例被许多厨师视为秘诀，他们想学习，但是经常求之无门。所以，能掌握一些菜品恰当调味比例的厨师就牛得好像掌握了原子弹制造原理。

川菜味道美学另一个简明的原则是：味道生
动。可能其他菜系更看重食材本身，在烹饪过
程中，尽量保持几分生气。在食材本身的美食
度优质前提下，这种烹饪当然很高级。

其实，只要理解了"突出主味，强调风味，平衡众味"的原则，
多些试验和比较，调味比例并不复杂。我将在写到红油、鱼香特
别是怪味时，把我从大师们那里请教的经验，把我自己的一些心
得，尽量具体地讲述出来。

最重要的是三，调味的顺序。几乎绝大多数厨师不知道
还有这个问题，他们从学厨的第一天，就把这个问题拉黑了。
但是，不同味型、同味型中不同风味、同风味中不同侧重的菜
品，无论是调味入菜，还是蘸水调味，辅料或者调料放入的顺
序往往决定着最后定味的成败生死。我用"成败生死"来形容
调味的结果，绝不是夸张。很多厨师调出来的菜品或蘸水，怎
么品尝都不生动，都显得僵硬死板，给人感觉，厨师是哭丧着
脸调出来的。

川菜味道美学另一个简明的原则是：味道生动。可能其他
菜系更看重食材本身，在烹饪过程中，尽量保持几分生气。在食
材本身的美食度优质前提下，这种烹饪当然很高级。由于川菜
厨师常常要处理的是非常普通的食材，调味是他们绝地反击的杀
招。因此，烹调的味道是否让口舌生动，能否把可能久已迟钝麻
木的味觉唤醒，就是我判定一碟蘸水、一道菜、一个厨师优劣高

低的基本标准。很多人惊讶：这还只是基本标准？是的，还有味道的准确，还有创意，还有征服力……但是，生动是基本的，主要的。能把味道做得让我的味觉认真动起来的厨师，我需要致敬。

就像炒得好的菜有锅气，调得好的味都有活气。没有活气的味道，虽不至于是僵尸味、棺材味。但于我，口齿唇舌依然慵懒，如何说得出吃食的欢喜？我把一切味道不生动的食物，叫做"饥饿时代的食物"。在那样的时代，吃饱都是奢望，哪还敢妄议食物的死活。我经历过那个时代，所以，平时对吃食并不很挑剔。我在文字中，如此苛严地要求和责难厨师，是源于我对食物、对百年川菜的热爱、感激和期待。应该说，从烹饪技艺的学理上，大多数厨师知道要合理地选择调味料的品类，要尽量追求食材的品质，也懂得比例是调味的关键。只是学艺求知太累太苦，成本更要像没有尊严的头颅般一低再低。做起菜来，品类、品质、比例，就得过且过了。你告诉他们，麻婆豆腐的花椒面要分两次入菜，许多厨师心里的咕哝是：多此一举。但是，好像真没有几个厨师把调味料放入的顺序当一回事。也许，在他们的认知中，要放的调味料反正最后都会和在一起，先放后放有多大区别呢？于是，我吃过的大多煳辣蘸水，煳辣的香味，要辛苦鼻子使劲闻。因为，大多是先把煳辣椒面放在碗底或碟子底，然后，再七古八杂放其他。煳辣椒香的散开和飘溢，被淹没，甚至被活生生淹死了。呜呼，煳辣的不幸！

贰

　　一个厨师把菜做死，经常是因为拿不准火候。把味调得含糊、甚至调死，往往就是顺序错了。煳辣椒叫爱家喜欢，就是那股子干酥之香，那点带着热火劲的焦糖气息。之所以要尽量现做现用，要的就是还有几分热乎，煳辣的香味散发出来，才有销魂的浓烈。做菜有一热当三鲜的说法，善用煳辣椒，当知一热生三香。等煳辣椒冷静了，香气收敛，再怎么用百般手段讨巧讨好，也难得初味的恩许。

　　热煳辣，我早已不敢奢求。餐馆里的煳辣椒，碎也罢，面也罢，基本都是做好待用的。餐馆做菜，要紧的是成菜上菜的快捷，一点不要紧的煳辣椒还要现做，那是存心想把馆子开垮。有当天烤或者炒的，就该千恩万谢。放一天两天的，算是良心煳辣椒，我经常被款待的都有些回潮了。回潮的煳辣椒，不香请不要骂厨师，谁叫好几天没有几个菜要用煳辣椒。难以坦然受之的是，回潮后翻出来的苦䭊味真是让口舌受罪。每每这个时候，我就想起一个饮食冷笑话，说有一个人在馆子要了两个菜，尝了一口后，半天不吃，只是默默地看着两个菜。服务员忍不住问："你怎么只看不吃呢？"此人轻声回答："太咸了，我想把它们看淡点。"我没有这么好的性子和这么高的境界，尽管沉默是金，我还是要把厨师叫出来，"师"他几句。如果厨师不出来，被"师"的就是老板。我教过几年中学，好为人师的恶习难改。

　　煳辣椒隔夜再用，已是味之一败。但只要放得不是太久，总还有几分干酥，残存的煳香也可聊胜于无。无奈的是，他们因为不知有调味顺序一说，做煳辣蘸水的时候，还先放煳辣椒面，再淋进酱醋或汤汁。汁液淹浸已经散碎甚至成粉面的煳辣椒，终于

不讲调味顺序的蘸水，底味不稳，辅味不融，
主味不明。川菜中，麻辣酸甜咸鲜苦，味型不
同的蘸水，先放什么，后放什么，各有不同。
一般来说，定底味的调料先放，起调和补充作
用的辅料次之，最后是突出主味的调料。

成功地把煳辣最后一点酥香灭尽，此是味之再败。幸好，我还没
有吃过把煳辣蘸水调好，放在那等有需之时打上一碟端来的。如
果再浸泡半天，那不是味败，是味恶了。

　　不讲调味顺序的蘸水，底味不稳，辅味不融，主味不明。川
菜中，麻辣酸甜咸鲜苦，味型不同的蘸水，先放什么，后放什么，
各有不同。一般来说，定底味的调料先放，起调和补充作用的辅料
次之，最后是突出主味的调料。特别是要表现主味主料挥发性味道
的，大白话就是，要让人鼻子闻得到的，一定最后放入。说句不那
么敦厚的话，毕竟，人鼻子不是狗鼻子，嗅觉的灵敏度不高。

　　我有幸认识一个没啥名气的师傅，菜做得马虎，让我心折
的是他打的蘸水。他能调几十种味道的蘸水碟子，经常是，大厨
做得平庸的菜，一蘸他的碟子，就柳暗花明。记得一次吃他们馆
子的冬瓜连锅子，冬瓜不是米冬瓜，煮得又水又瀸，无糯甜，没
精神；五花肉片子也过了火，既不滋润，也没肉香；可能生意太
好，煮肉的汤也没多少了，只好加几勺开水，给了一点化猪油和
味精，好让端上来的一盆看上去有油珠子。谁知就是这样的冬瓜
和肉片，夹上一片，在蘸水碟子里一黏糊，入口之前，香麻香辣
的气味便舒服了鼻子。吃到嘴里，在酱辣酱香的主味里，酥香、

煳香、麻香辅佐其中，隐约的甜意柔和了麻辣与咸鲜，一点点小青葱花，叫一碟的浓厚顿时有了一丝丝轻盈。主菜不好蘸水补，终于，在要了三次蘸水碟子后，一锅糊涂的瓜肉还是被吃完了。连汤都是把碟子里的残汁和进去，才喝下去的。可能，看我们吃得汤干肉尽，大厨和老板还在得意他们的连锅子。

后来和师傅熟了，请教了这个碟子的做法：郫县豆瓣一年期和三年期的各半，剁细，菜油烧熟后，降温，小火炒红煏酥，关火加入一些煳辣椒碎；熬浓的甜酱油先入碟子，几滴香醋勾味；然后，把炒好的带着煳辣香的酥豆瓣与酱醋调匀，再放花椒面和细碎的小青葱；最后，舀一小勺烫手的鲜汤，让汤温激出花椒和青葱的香气。从这个蘸水中，我第一次知道了调味顺序的重要。可惜，没有年轻人愿意学蘸水这个小手艺，多年前，老师傅无徒而去。

叁

打个碟子，调个蘸水，在许许多多厨师那里，就不算个值得费神去学的手艺。那位老师傅的蘸水功夫后继无人，在无数绝学失传断代的今天，甚至不会引起几声惋惜的唏嘘。连川菜惟一一位泡菜大师温新发，除了一本薄薄的口述整理的《四川泡菜》幸存于世，也几乎艺无传人。而泡菜，在川菜中举足轻重。曾经堪称经典的大师心血被淡忘和湮灭在岁月深处，以致现在川菜在泡菜一味，除了酸菜鱼等寥寥几个菜，其他乏善可陈。这些年，很有一些川菜厨师和学人好像发现了绝世之秘一样，到处宣称泡辣椒之所以能做出好的鱼香味，关键在泡的时候，坛子里放了活鲫鱼，泡出来才叫鱼辣子。把川菜味型经典和深含川菜调味技艺精髓的鱼香味，归结味道，是川菜的灵魂。调味，是让这个灵魂有血有肉、形神丰韵的艺术。能准确把握和理解每一种味型、每一个菜品的调味顺序，往往标志着一个厨师登堂入室。

为一个噱头般的小窍门，却没有人去研究试验，要把泡辣椒泡到什么程度的酸、甜、香、辣、脆，才最适合做鱼香味。有好的，被丢了；创新的，又偏了。幸好川菜一代又一代大师们已经为百年川菜奠定了足以高屋建瓴的基础，构建的格局已经是史诗性的鸿篇巨制。现在，一批川菜的中生代厨师呈现出"向上的升起"，而"向上的升起带来广阔的方向"，我心可期。

味道，是川菜的灵魂。调味，是让这个灵魂有血有肉、形神丰韵的艺术。能准确把握和理解每一种味型、每一个菜品的调味顺序，往往标志着一个厨师登堂入室。调味的顺序，不仅是打蘸水、勾碗汁、凉拌菜的精要，做很多热烹的菜肴，更需要讲究不同时段、不同火候，调料放入的先后。

就像炒回锅肉，菜谱的要求是郫县豆瓣、豆豉、酱油外，需得甜面酱来和味润辣，在浓郁的酱香中，有回口的甜香。现在，由于品质好的甜面酱贵而难买，并且，加甜面酱熬炒很考量做菜的手艺。所以，很多厨师舍难就易，干脆改成了放白糖。白糖没有了甜面酱轻度发酵的酱香，只是寡甜而已。不过，一个家常菜而已，的确无需像一个苛刻的学究，连句号没有画圆，也要板着脸厉声训斥。白糖就白糖吧，饮食也有法外开恩。加甜面酱，定要后放。一是早放久炒，容易糊锅；二是面酱里的甜，已经细化在酱里，下锅之后，能够很快融合于其他调料和肉中。但是，改为白糖，就一定要先放，要在小火熬肉、肉片刚刚吐油微卷的时候放进去。这样，颗粒状的白糖才能充分融化，既让甜味渗透进肉中，糖分在油脂中释放甜香，又能完全融和陆续放入的其他酱料，真正起到和味增鲜的作用。关键是，回锅肉的甜，入口咀嚼品尝中，应该是隐含的甜味，是回口的甜味。如果也像甜面酱一样最后放入，糖不能完全融于调料；还因为先放入的豆瓣、豆豉、酱油里的盐分已经使肉表面纤维硬化，甜味更难润入肉中。众味不和，甜也只是轻浮于外的味道装饰。

　　川菜中，调味的顺序因料、因味、因菜、因烹饪的手法而异。先甜后咸，先咸后酸，先甜咸酸，后以麻辣。这是一般而论，简而言之。但是，每一碟蘸水，每一道菜，要做到风味浓郁，主味突出，味道富有变化和层次，还要表达厨师调味的风格和个性，真是没有定章定法可以照葫芦画瓢。现在，强调和追求菜品标准化，调味顺序也可以固化成严格遵守的程序。如果把整个流程交给电脑操作，甚至完全由智能机器人执行，我绝对相信，被精确计算出来的比例和顺序，可以让现在餐厅里的每一道菜真正实现所谓正宗、地道，而且有效提高菜品的品质。但是，一家餐厅的凉拌鸡始终一个味，是好事；一千家餐厅的凉拌鸡也是一个味，我就很无语。我不喜欢八股文似的文章，也不喜欢菜的八股味。即使是一个厨师做的凉拌鸡，我也想春夏秋冬各有微妙的滋味变化。对于我来说，菜里有时光，有心情，有想法，才是美食。战国时期的《鹖冠子·泰鸿》里讲："调味，章色，正声，以定天地人事，三者毕此矣。"做菜的调味中，可定天地人事。我信，我知道，其中有智慧。

煳辣椒的川菜手段

壹

　　川菜在中国八大菜系中，是个晚辈；用辣椒，也是个后学。不过，川菜这个学生，转益多师，博采众长。"拿来主义"的时候，从来大大方方，还经常离经叛道，喜欢花样翻新。虽然川菜的许多经典菜式，都可以在中国其他菜系中找到原型，但是，四川的风土和由此形成的饮食习惯，总是会让这些在原乡已经定型的菜品，多多少少地改头换面。贵州的煳辣一味，在那片山野水怪的土地上，似乎已经达到极致。然而，深受其影响的川菜，却依然要别开生面，让煳辣，在辣味谱系中独立门户。

　　贵州用煳辣，大多是做蘸水，或者做拌菜的主要调料，鲜明、集中地突出煳辣。贵州人用起辣椒来，很少拐弯抹角，来得干脆、简单，甚至有时显得粗暴。"贵州一怪，辣椒是菜。"川菜中，也有辣椒独立成菜的菜品，但几乎都是不辣或者微辣的青椒、甜椒，像干煸青椒、虎皮青椒、醋味烧椒……把煳辣椒、油辣椒、生拌小米辣直接当菜吃，在四川人心中，如此的刚猛豪蛮，男的，那是莽大汉；女的，那是女络腮胡。

　　贵州人对待辣椒的口舌态度，肯定不是来自口舌材料的特殊。我个人臆测，这与他们食辣的起因有关。四川人喜欢辣味，是两千多年"好辛香"的传统。东汉末年的《通俗文》这样解释："辛甚曰辣。"一句话，自古川人好这口。而贵州人开始吃辣椒，却有一个初听起来，好像是无可奈何的原因。康熙六十年编成的贵州《思州府志》中说："海椒，俗名辣火，土苗用以代盐。"同是康熙年间的《黔书》说得更具体，也更有意思："当其（盐）匮也。代之以狗椒。椒之性辛，辛以代咸，只诳夫舌耳，非正味也。"这些记载说明，贵州人最初吃辣椒，是因为当地不产盐，盐巴金贵，山民们吃不起。尝过辣椒的滋味后，觉得这种对口腔有强烈刺激、对神经有兴奋效果的植物，能够开胃、促进口腔里的唾液分泌，可以很大程度上代替盐巴的作用。于是，以椒代盐，每饭必椒。把辣椒当盐吃，但毕竟辣椒不是盐，几乎不含盐。怎么办？那就吃多一点，吃猛一点。如果还要含蓄温和地吃，辣椒又如何能够解得口舌的盐渴？"只诳夫舌耳"，就是骗骗自己的舌头罢了，说穿了，叫精神牙祭。但是，本性淳朴的山里人，骗自己，也要骗得认真彻底。天天吃，顿顿吃，代盐的初衷，产生了当菜的结果。到现在，贵州不再缺盐了，也没有再从辣椒中满足盐味之需的吃客了，但对辣椒直截了当的嗜辣风格，已经编程为他们的味觉基因，在中国的食辣版图上，最红最纯的地方是贵州。

曹雨先生在他的《中国食辣史》中认为，辣椒广泛地进入中国饮食，当始于贵州省。虽然，他清楚地说明了"这是辣椒最早用于食用的记载"，而且，非常术语化地界定了"广泛地"进入。但也基本表达了"贵州是（中国）辣椒食用的起点"这一论断。不过，四川的郫县豆瓣，源于清康熙早年的（1688年）福建汀州人陈逸仙及族人无意中做出的"辣子豆瓣"，即把晒干的蚕豆，加剁碎的辣椒和盐，拌和而食。这也是中国最早食用辣椒的案例了。可惜，没有文献可查，只是民间相传。我不是想与曹雨先生去争川黔食辣谁为最先，传说不足立论为据。我感兴趣的是在贵州，土民、苗民，干辣椒、煳辣椒、油辣椒，就是直接吃了。代盐用，当菜吃。在四川，即使是最原初、最简单的吃法，也要加盐、和以晒干的胡豆，只是把辣椒作为调料加入，是入菜，是调味。辣椒进入四川之后，饮食中，"辣椒的脸偷偷地在改变"。

四川人自古好辛香，也从不缺盐。自贡、乐山五通桥的井盐，千年以来，供养天下。所以，川人食辣，不会在辣椒中找盐味。我们要的，欢喜的，就是辣椒的本味，是辣带来的辣香。这个味觉追求本源上的分道扬镳，加上特殊的历史命运，决定了辣椒在川菜中，要演绎出不同的的角色。煳辣，也自有了川菜的手段。

贰

用煳辣椒做成各种蘸水，在贵州比比皆是。川菜中也偶然为之，但少有做水碟子，基本上是干碟。而且，也只是在干辣椒面中，兼搭一些煳辣椒碎，很少纯用。因为，川菜用辣椒，主要用其辣香，不以取辣为重。干碟加煳辣，更是单取煳辣之香。直接炒一盘油煳辣椒，下酒下饭，如在四川，当是歪人。外柔内刚的川人，被成都平原的和风细雨润养了几千年，虽然骨子里、血脉中永远有着一股硬气，但是，口舌却已经圆滑。于是，偏重辣和偏重香，当菜和入菜，便是黔川在煳辣椒上的各表一枝。

用干辣椒部分焦化后产生的特殊煳香入菜，轻取其辣，重取其香，善用滚油入椒，得其煳辣，使煳辣椒的干烈有几分油润之香，川菜就这样把师承贵州的煳辣，融变为自己的滋味手段。

川菜中取煳辣味入菜的菜品，最著名的就是宫保鸡丁。与之同胞的，还有宫保肉丁、宫保鹅肝、宫保虾球……无论宫保什么，都是煳辣荔枝味。有人说，这是典型的复合味。说这话，是不知菜品定味的胡说。我们吃的菜，除非白水清煮和单味菜品，其他的百分之九十，都是复合味。白水清煮，即使只放盐，很多菜，也是由咸甜味复合而成。因为很多蔬菜，本身含有糖分，清水煮来，就有甜味溢出。放了盐，吃到嘴里，就是咸与甜的复合。如果严格按照烹饪调味来定义，也只有麻辣酸甜咸苦，单用一种调味的，才不是复合味。例如一些纯甜味菜品，像桂花蜜藕、拔丝山药之类。

很多年来，宫保鸡丁的菜系归属，变成了一个有些争议的问题。从众而论，这道名菜当然是川菜的经典。但是，由于这道菜缘起于清末官员丁宝桢，丁宝桢是贵州人，贵州还有糍粑辣椒鸡丁，口味是咸辣略带酸甜，非常接近煳辣荔枝味，所以，贵州人和贵州的菜谱，都言之凿凿地宣布：宫保鸡丁源自贵州，是贵州名菜。川菜的宫保鸡丁是偷梁换柱，贪黔之功为川有。后来，丁宝桢做了山东巡抚，山东菜里，也有带辣味的酱爆鸡丁。理所当然，中国八大菜系中，历史最悠久的鲁菜，也当仁不让地把宫保鸡丁归于自己的名菜谱中。又后来，丁宝桢到了四川，做了四川总督，自然就把他老人家特别喜欢吃的这道菜，带到四川。川菜厨师不过是把糍粑辣椒换成了干辣椒炒成的煳辣椒，不过是把酱甜或者酸甜，调成了浓郁的荔枝味，不过是把煳辣味与荔枝味合在了一起。丁宝桢百年之后，被皇帝老倌追赠为"太子太保"，这道唱了一出饮食江湖"三国演义"的炒鸡丁，也就沾上了天恩皇气，至今以"宫保鸡丁"闻名天下。

其实，宫保鸡丁到底是黔菜、鲁菜，还是川菜的经典，这一点都不重要。川菜本身就是中国各大菜系的大融合，川菜中的许多菜品，都可以在其他菜系，甚至其他地方菜肴中，找到原型。是中国几千年饮食文化和技艺的母体孕育出了今天的川菜，是各大菜系的精华不断滋养着现代川菜的成长。每一个川菜人，自当始终铭记于此，感恩于此，领悟于此。传承、融合、创新，永远是川菜的正法大道。我以宫保鸡丁说煳辣椒的川菜手段，正因为这道菜的三个"不过"，完美地诠释了川菜在味道美学上的精髓：滋味丰富而多变，风味浓郁而鲜明。如果说，绝大多数川菜都是味道复合的佳作，川菜最富有魅力的10味更是味道复合的交响。那么，把煳辣之香与荔枝味合于一菜，让两种味型分呈其妙，又浑然交融，让辣意、煳香、酸甜，在咸鲜中如此平衡和美。宫保鸡丁就与鱼香、怪味并列成为了川菜调味手术刀式的教科书。

宫保鸡丁的码味上浆，火候的控制，味汁的调配，主辅料的搭配和下锅的顺序，芡汁的浓淡，成菜的色泽，每一个环节都非常讲究。这是一道很难炒得难吃的菜，但同时也是很难炒得好吃的菜。其中，煳辣椒的辣椒选择、处理、炒制，最见厨师的心致和功力。是否能尽煳辣之妙，是这道菜成败的关键之一。可惜，天下川厨滔滔，能不误煳辣的，我所遇很少。

叁

宫保鸡丁在川菜中，定型为煳辣荔枝味。故名思味，这道菜，一定要闻到煳辣香，吃到略带煳辣的荔枝味。荔枝味当然是酸甜口，专以荔枝味名之就清楚表明，此酸甜在众家酸甜中独有自己的个中滋味。与同是酸甜口的糖醋味不同，荔枝味的酸，须得散发出一点点果香，是果酸味，要入口酸，回口甜。几十年来，我不知吃过多少厨师炒的多少份宫保鸡丁，当然，也包括宫保虾球、宫保肉丁、宫保鹅肝之类，遗憾的是，担得起"宫保"之名的，百无二三。大多无煳辣之香，酸在其中，犹如被调戏了的醋味；糖的甜，游离其外，几乎类似味道的骚扰，让口舌生气。于我而言，偶尔碰到还算炒得将就的，也只能叫有辣味的酸甜鸡丁。我经常有一种冲动，想叫餐馆老板把菜谱上的"宫保鸡丁"改名为"辣子酸甜鸡丁"。最终，我都忍住了，我怕他们打我，他们人胖个数多。

　　宫保鸡丁，明明白白写着"煳辣"两个字，就必须把煳辣味炒出来。不是干辣，甚至，也不是非常接近煳辣的炝辣。而且，宫保鸡丁的煳辣，与煳辣鸡块、煳辣肉花、煳辣腰块的各种煳辣，也自有其味。但是，明明白白的意思和事情，在人世中，却经常搞得糊里糊涂。没有椒麻香的椒麻鸡，没有煳辣味的煳辣菜……叫什么，就没什么，许多厨师就是这么牛，他们说这叫新派川菜，咋的？爱吃不吃。说穿了，是这些厨师压根就没有认真想过，什么才叫"百菜百味"？何谓"一菜一格"？在他们的全部烹饪认知里，干辣椒炒煳，就是煳辣了。至于川菜中以煳辣椒入菜，不同的菜肴，如何让不同的煳辣各尽其妙，你若问，他们一定会用人畜无害的表情看着你。什么？凉拌鸡块要干煳辣？煳辣腰块是双煳辣？煳辣肉花要突出油煳辣？而宫保鸡丁之煳辣，半煳辣即可？石老师，这些书上没写，师傅没教，就连万能的"度娘"也查不到啊！

　　所以，我们是无辜的！而且极其！

　　半煳辣？石老师，你在生造名词吧。是的，烹饪事典中的确没有这个词。老生才疏学浅，实在找不到更好的词语把我的意思说清楚，只好硬造这个半生不熟的蹩脚名词，将就用吧。但是，宫保鸡丁中的煳辣，却半点也将就不得。所谓半煳辣，一是干辣椒只能炒至半煳；二是炒好的煳辣椒，要分作两半用。宫保鸡丁是一个讨巧卖乖的风情菜，几乎人见人爱，花见花开。所以，川菜在老外那里，最受欢迎的，不是麻婆豆腐，也不是回锅肉或者鱼香肉丝，而是宫保鸡丁。连德国奶奶默克尔来了成都，在成都映象点名要学的，也是这个老外学成都话"巴适，巴适"的宫保鸡丁。因此，这道菜虽然辣椒用量并不少，但重香不重辣，辣在其中，只取其辣意，最多也只是隐隐的微辣。首先，干辣椒必须选二荆条，那种用朝天椒甚至干小米辣的，辣香寡薄，像一个冷笑话；辣味呛口，本来的妩媚，放荡成卖骚。从选什么辣椒开始，厨之德艺，便分了高下。

干二荆条要选色红皮韧、手感饱满的，不能空壳，不要皮色泛黄的。去蒂以后，剪去两端，抖尽椒籽。辣椒籽定要留着，存起来另有他用。干辣椒或剪或切，成1厘米左右的节，洗净后，最关键的一步是要用温水浸泡15分钟至微软。绝大部分厨师，都是干辣椒节直接下锅油爆，椒干油滚，辣椒的辣香和辣意，还没来得及炒出来，就一锅焦煳，如何得来煳辣的香味？炒煳辣椒块，虽然近乎干柴烈火，但懂食物情意的，热烈中定有几分温柔与缠绵。所以，干椒要用水温润，欲使其刚，先使其柔，做人做事和做菜，道理都是相通的。菜籽油烧熟后，要降油温，并改成小火，先放入姜片、蒜片、葱头子炒香，再放入20颗左右的大红袍花椒，最后放泡过的辣椒节。热油逼出辣椒中的水气时，辣香与辣意溢出，辣椒中的糖分慢慢焦化，产生特殊的焦糖煳香。因为椒皮厚薄不均，薄的部分煳了，厚的部分只是酥脆，这就是半煳辣。

肆

所谓半煳辣，辣椒要炒得一半出煳香，一半只是接近煳化。干辣椒选得好，不能是薄皮空壳那种，而要椒皮色正，皮子厚实，然后炒到椒皮外表煳酥就好。一句话，不能炒得煳透。辣椒完全焦煳了，辣香枯老，会泛出苦味。这种苦味渗入酸甜，整道菜的味道大败，叫口舌难堪。炒宫保鸡丁的煳辣，最考量厨师对火候的理解和掌握。油必须熟透，却又只要五成油温；辣椒需炒出煳香，却又绝不能出煳味；因为，下鸡丁时，需得大火爆炒，干辣椒会继续煳化，所以，只能炒至初煳。菜谱上说的都是，要炒到棕褐色。真炒成这个颜色，再下鸡丁，成菜的时候，煳辣就翻黑翻苦了。有经验的厨师，一要手快，是炒不是炸；二要拿色，辣椒表皮成浅偷油婆颜色，就是刚好。

还有一个关键，更是书中网上从未说过，我也只是在一位老师傅给徒弟说菜时，旁听得来。宫保鸡丁成菜后，要能闻着痒鼻的煳辣香味，得取一个味巧。按照川菜小煎小炒的普通手法，煳辣出香后，就该放入鸡丁，大火爆炒；鸡丁滑炒变色，下葱段，而后勾芡汁，最后加酥花生米，即可起锅装盘。但是，码味上浆后的冷鸡丁入锅，煳辣椒多少会回软，煳香减弱；再受芡汁裹糊，酸甜其外，煳香的气息进一步闷在菜里。这样经过两次打压的煳辣，少了三分漾溢的精神，这就是许多厨师做的宫保鸡丁煳辣之香浅薄的原因。懂事开窍的厨师，会在煳辣椒炒得半煳酥香时，带油铲出一小半来，等到芡汁勾匀，与花生米一起下锅翻炒，出锅装盘后，再次迅速受热的煳辣椒溢出煳香才不辜负宫保鸡丁煳辣荔枝味的合味之妙，不辜负吃家辛苦得来的银子。

做宫保鸡丁，干辣椒炒得半煳就好，这是控制和收敛；煳辣椒要再次补味，这是加强和激发。一收一放，小手法中蕴含的却是深意思。一个简单寻常的炒菜，就要说文化，讲美学，不是故弄玄虚，也算小题大做。但是，领悟了一道小菜中味道的相反相成、对比平衡，并以此去理解川菜许多菜品味道构成的道理，其中真是有艺之精微，道之深义。学一个菜，便是学了10个菜、100个菜，举一反三，触类旁通，才是能长进、有出息的厨师。

　　这道菜还有一个用心之处，就是酸和甜的结合。准确地说，应该叫融合。许多厨师做的酸甜口味的菜，酸是酸，甜归甜，两个味各管各的。拿得好的酸甜味，是酸中带甜，甜里有酸，入口与回口，只是酸甜的偏重有所不同。就像我们吃水果，不可能一口下去，一层是酸，再一层才有甜味。宫保鸡丁叫小荔枝味，就要像水果一样，酸甜互润，滋味融在一起。酸甜减了煳辣的辣，却烘托了煳辣的香。如果说，自然这位料理大师以天工造化让果蔬里的酸甜生而相融，那烹饪之中，要把酸与甜这两种彼此生分的味道亲亲热热地融合起来，还得依靠百味之王，那就是盐。调料中的醋和糖，虽然也能在融化中互浸，但是，短暂的调和与加热，很难让两者完全相融。只有容易溶解的盐，可以快速地溶于醋，溶于糖，并把两者合二为一。盐，不仅以咸鲜给了底味，同时，也是调和酸甜的媒介。因此，宫保鸡丁或者其他酸甜味的菜式，勾兑芡汁，一定要敢于、要舍得放盐。川菜厨师有一个奇怪的现象，许多应该清淡的菜，放盐如不要钱；到了酸甜味这儿，却下不了手。糖和醋，本身就会减弱盐的咸度，盐少了，不仅底味不足，而且也不能让酸甜化为一体。我看了许多宫保鸡丁的菜谱，即使是仿佛懂得以咸味中和酸甜的厨师，也是轻盐重酱油。他们似乎不知，酱油在其中主要是起香上色。酱油太多，菜色黑乎乎不说，酱油特有的味道还会破坏酸甜的清爽。只有纯盐，干干净净的咸味，才是本料正味。

　　咸鲜为底，酸甜交融，葱香渲染，姜蒜之香微熏其中，煳辣的微辣与浓香皆宜。品尝之时，一块鸡丁与一粒花生同时入口，鸡肉的鲜嫩与花生的酥脆携众味众香俱来，这才是宫保鸡丁正确的"打开方式"。

卷
四
煳
辣
篇

煳辣入菜的小讲究

壹

前几天，"荣派川菜"第三代嫡出传人张元富大师，邀请我参加他的新店"有云湖景食宅"开业，我欣然而往。因为他说，要在这个新店，以明厨亮灶的方式，呈现川菜的干煸干烧，小煎小炒。我素来对能做大菜、有样式的厨师油然起敬，心底里却更欢喜把肉丝肉片、瓜豆蔬菜炒得活泛的师傅。小煎小炒，一次定味，一锅成菜，急火快炒中最大限度地保留了食材的新鲜与营养，厨师的刀工、火候、调味尽在其中。我见过一位川菜老师傅，他炒煳辣腰花，从调料下锅到出菜装盘，只用了20多秒。高温短炒与低温慢煮，是烹饪中保留食物原味和营养的两大技艺，川菜的小煎小炒，更加简洁明快，活色生香，有锅气。本来，这是川菜的拿手，也是川厨的本艺，未曾想到的是，现在能把鱼香肉丝、醋溜莲白炒得可以入眼入口的厨师，已经名列"非遗"。

川菜中，煳辣入菜，除了拌菜和做蘸碟外，大多都是小炒。因是急火，因是快炒，煳辣味的拿捏就更考厨师的手法和功夫。急火容易焦煳，快炒难出煳香，这似乎两难周全，对此许多厨师这些菜式，大多也带酸甜口，芡汁中，也要加糖醋。但饮食的剧情却发生了反转，本是配角的煳辣成了主角，酸甜退而成渲染烘托的捧场。

的解决之道是，煳就煳了，不香就不香，秒忽略，零解决，哪有那么多讲究？是那么个意思就行了。什么掂锅练勺得下10年工夫，用10年，爷们要么是大师，要么是老板了。所以，去川菜餐馆，要吃到能入口的鸡豆花、粉蒸肉之类，还不算太难，要想吃到一份勉强及格的生爆盐煎肉、火爆肚头、煳辣肉花，难度系数接近中国男足进世界杯。殊不知，丢失了干煸干烧，小煎小炒，丢失的不仅仅是川菜一种很有特色的技艺，更是川菜对食材的珍爱之心，是川菜最富家常风味与平民精神的菜系文化。川菜以家常菜、家常味为根为本，为菜之大宗，一锅小炒，就是其中主力。家庭中，一日三餐，最多的就是炒几个小菜，不是过节或者请客，谁会天天在家中烧炖蒸烤、蒙汆酿贴？正是千家万户各有所爱的那几个小菜，构成了川菜最重要、最有滋味、最温暖的部分。

　　如果说宫保鸡丁的煳辣味还无需特意强调，因为这道菜更喜口的是略带果香的荔枝味，煳辣在其中，多少有些渲染烘托的感觉，那么直接以煳辣为名的"煳辣肉花""煳辣腰块""煳辣脆鳝""煳辣兔丁"等一帮火爆油荤的肉菜，煳辣椒就必须升官加爵，从味道的"偏旁部首"提升到"字根"。

卷四 煳辣篇

113

一句话，要隆重地突出煳辣的风味，要清楚，要理直气壮地表达：煳辣就是这些菜式风味的核心，三分辣意，七分煳香，就是这些菜式川味浓郁的风格。为了以辣衬香，让适口的辣的刺激强化煳香的浓烈，这些菜式在干辣椒的配比上就不能全用二荆条，要按3：7左右的比例，加些朝天椒之类的辣味偏重的干椒。川菜用辣，精熟"辣过压香，无辣不香"的门道。辣味重了，辣的燥、干、烈，就会让香感四分五裂；随着辣度的减弱，辣香会渐变转浓；但是，弱到一定程度，香度又会逐渐降低。完全不辣的甜椒，也基本没有辣椒独有的香气。这在煳辣中，尤为明显。这是辣椒香与辣的辩证法，川菜的好厨师都应该是味道哲学家。

这些菜式，大多也带酸甜口，芡汁中也要加糖醋。但饮食的剧情却发生了反转，本是配角的煳辣成了主角，酸甜退而成渲染烘托的捧场。其实，就是在宫保鸡丁中，与同是荔枝味的锅巴肉片相比，酸甜也是小荔枝味。过分的甜滋滋加酸唧唧，处理不好会放大鸡丁、肉花、腰块里潜藏的臊腥，让口舌的味感因狼狈而尴尬，再因暧昧而滑稽。所以，为了突出煳辣菜式的煳辣味，糖醋的用量要比宫保鸡丁更少一些。川菜看重在"一菜一格"中，味道的丰富、味道的层次、味道的变化，但是，更强调主味鲜明、风味浓郁。君臣有序，主宾谐和，味道的调性必须清晰。很多厨师做的煳辣菜品，味道多而怪，彼此之间，仅仅是朋友，却又眉来眼去。不清不楚的关系，让食者疑似味道小三。对此，我厌恶，我拒绝。

贰

川菜中突出煳辣的菜式，以辣衬香，轻酸甜而重煳辣，都是好味得来的小巧。渲染、烘托、转折、对比、陪衬，绘画作文的笔法用在做菜之中，菜就多少有了些文气。所以，我敬重的那些川菜大师，几乎都喜欢写点文章，学点书画。不是附庸风雅，是他们懂得，艺到深处，功夫真在菜外。再高的技艺，再好的手法，用到底，就用老了。用老了，就僵起了，最多也就是一个匠人。虽然现在到处大讲匠人精神，这并没有错，专注、执着、精细当然是艺业的基础，但是，要把菜做活，做得有灵气、有新意，在百年川菜的万千煳辣中别开生面，还真需要更多的川菜厨师，善于以他山之玉，攻己之石。相信我们的厨师，不是顽石。

小巧的手段，固然讨喜。但煳辣最怕轻薄，若有若无，若即若离的煳辣味，会让菜品不道德。把一道菜的主味搞成撩拨和挑逗，完全等同于让大家闺秀搔首弄姿，那身形眉眼，还不如站街女。所以，本从本中求，得从得中来。醇厚而浓烈的煳辣之香，还得是在咸鲜底味中的主味煳辣，要自己本身硬，担得起。辣子味，无论青辣、鲜辣、干辣、煳辣，都是川菜用辣椒的本道，都得从善用辣椒中，呈现各种辣味辣香的魅力。过去，我经常要川菜厨师多多研究鱼香味、怪味、家常味，因为我觉得把这些味型理解透彻了，百味皆通。现在，我却一再劝说他们，吃透辣椒，扭着辣子味下苦功夫、大功夫，把各种辣椒的味本、味正、味合、味变说得如数家珍，做得手到味来，再做川菜其他味型，才会真不失川菜"擅长麻辣"的特色。咸鲜，天下菜的通法，麻辣，才是川菜的本门功夫。把辣椒用得如心使手了，麻辣的一大半，才不是虚火。

要煳辣的菜式煳辣香浓，最根本的还是要在辣椒的处理上多些心思和讲究。辣椒品类、品质的选择，辣椒品种数量、比例的确定，炒制辣椒火候的把握，这些都是做好煳辣味的基本法。但是，以正求奇，守本求变，天道、人道、菜之道，原本就是相通的。只是把基本功老老实实做到了，菜式也就是中规中矩而已，一个有出息的厨师，不该就此满足。宫保鸡丁要在出锅前，以特有的、留出的煳辣椒块补香，这是巧用。但这个讨巧，来自深知辣椒之正。煳辣肉花、煳辣腰块这些强调煳辣香味的菜式，也需要在烹制中讨一点巧。有一个餐饮集团内部进行厨艺比赛，请我做评委，做的就是煳辣肉花。七位各自统领大餐厅团队的总厨，炒了七盘煳辣肉花，什么都好，就是煳辣香不浓。端上桌来，吃到口中，少了煳辣的扑鼻之香。对于川菜，一道菜味型不分明，风味不突出，就算失败了。总厨们司刀令牌要完，煳辣香依然淡薄。我说，能不能现炼制一些煳辣油，然后用这个油再炒干辣椒，炒出新热的煳辣椒，并以此爆炒肉花。总厨们试过以后，果然煳辣出香出彩，一道老菜重现生动与欢喜。宫保鸡丁巧的是补味，煳辣肉花却巧在让煳辣融入底味。川菜之中，处处皆有小讲究，这并不是什么技巧的不传之秘，只要留心、用心，懂得味道浓淡厚薄的变化，做出的菜就有七窍玲珑。

如果说，以煳辣为名的菜式，就应该让煳辣飞扬，那么川菜中，许多要用到煳辣的素菜，却万万不能浓重。所有新鲜的蔬菜，大火快炒，都要保留鲜菜的新活；味道上，也要激发出鲜蔬的清香。煳辣一重，清新全无。但是，川菜喜欢一些素菜也有一点辣香隐约其中。这点有火气的辣意，更能把新鲜蔬菜的新嫩鲜活点染出来。这时，煳辣椒几乎退到了远远的味道背景之中，不是轻浮，是气息的晕染，是滋味的修辞。荤重素轻，理解的是食要煳辣的菜式煳辣香浓，最根本的还是要在辣椒的处理上多些心思和讲究。辣椒品类、品质的选择，辣椒品种数量、比例的确定，炒制辣椒火候的把握，这些都是做好煳辣味的基本法。

材生命之承受。因此，我们要少一点干辣椒节或者干辣椒碎，同样要用温水稍稍浸软，然后先温油，后滚油；温油把辣意浸炒出来，滚油把煳香炝出来；迅速倒入透干水分的鲜菜，让少而浓烈的煳香炝入菜中。我们把这样的煳辣，叫作炝锅辣椒。

叁

有人问我，炝，是什么意思？要我解释专业难度这么高的词语，他以为我是大师；有一个大师好心教我，烹饪中，没有炝这种技术，最好不要乱讲。但是，我在餐馆里点一个炒素菜，例如青笋尖，（我不知道，为什么所有的馆子都叫凤尾？）几乎每一次，服务员都会问：蒜蓉？清炒？还是炝炒？明明有炝这种手法啊！

于是，我也问大师，当然是另一个，炝，是什么意思？另一个大师耐心解惑于我：烹饪中，的确没有炝这种技术。烹的古义是煮，饪的古义是熟。我们老祖宗那个时代，除了烧烤，就只有泥巴罐罐。所有煮熟就能吃的东西，通通丢进陶罐里，这就是他们烹饪的全部。后来，家伙什多了，烹饪的方法也讲究了，但是，烹饪的基本含义还是通过加热使食材成熟。把荤素食材炒来吃，那是在有了金属烹具，特别是铁制烹具以后。只有金属能达到高温，而且，热传导迅速，才能在短时间内让食材成熟，还保持着原味和新鲜。中国人开始炒菜，大约在魏晋南北朝时期，《齐民要术》里就有了炒鸡子法和鸭煎法的记载。煎炒煸炸熘贴，都是一口铁锅的得意，炝，却不在其中。其实，炝，是炒的一种取味方法，属于调。所以，现在，更完整的说法，叫烹调。

川菜中，叫炝炒的，大多是把干辣椒、花椒先用熟油炒或小炸出香，趁着锅中升腾起微煳未焦的热香，将透干水气的食材快速下锅，把热劲爆棚的辣意、辣香炝入食材，让食材的本味本香瞬间打开。食材在大火高温和滚油中，很快成熟入味，用网语叫秒熟。这种炒法，最大限度地保留了食材的原味、形色和口感，也让调料的滋香在峰值与菜同出。几乎所有炝炒的菜品，求取的都是煳辣香。煳辣略含的焦苦，在味道美学的谱系上就已经接近怪奇一流；炝，在汉语中与抢近音，隐含着急迫的、强力的意思，似乎是让食材在受虐的快感中唱《征服》；这种特别不文质彬彬的烹调方式，当属厨艺江湖中的快意恩仇。闪成熟、轻度的暴力感、滋味的非主流、烹炒时的表演娱乐性，是否老旧的炝炒之法可以轻笑浑身贴满新潮标签的"00后"？

虽然，炝炒的干辣椒要用温水稍加浸泡，但是入油之后却最怕水闷。炒出煳香，已经半酥的煳辣块正是香气漾溢的兴头，若被水一闷，酥香尽失，煳香窝心，一道原本应该爽快的炝香好菜，顿时非常憋屈。所以，需要炝炒的食材，一定要在淘洗后，尽量晾干表面的水气；翻炒中，断断加不得半点水，确需勾芡的菜，也必须在起锅前入汁，芡汁也要快速炒匀收浓，薄芡少汁，即时出锅；还有一点很要紧，就是决不能过早放盐，盐久在锅中，会让蔬菜类的食材大量出水，不仅压抑了煳辣炝香，也败了鲜蔬的新气。放盐，勾芡，都应该在即将出锅之前，翻炒匀净，刚刚入味就得装盘，千万不能恋锅。有专门研究过做菜放盐学问的专家说：盐不能后放，后放盐味深入不了食材。于我而言，第一，盐的渗透力很强，完全可以在一点高热的水分中融化，并很快使食材入味。第二，我要的就是盐味不完全入味，让新鲜的蔬菜断生炒熟后，食材内部还保留着一些原味，咀嚼之中，既有咸鲜，又有果蔬的本味本鲜。所以，快炒大多数素菜，我就是一个固执的食盐后放主义者。

到现在，对于我，最难的是炝炒煳辣糖醋莲白。莲白叶子偏厚，要炒得不生涩，要入味，要新脆，要煳辣的炝香充溢菜中，还要糖醋汁充分融化后，绵柔细腻，有风情而少脂粉气，是好汉却不粗莽。都说素菜不下酒，但炒得霸道的煳辣糖醋莲白，下酒妙不可言。还有炝炒豆芽、炝炒儿菜、炝炒土豆片、炝炒瓜条……我个人长期认为，凡是嚼着有香气、口齿中有脆性的，皆可下酒，下好酒。就像说话做人清爽的哥们，以及不做作的女子，倘若性子中还略有犹如煳辣之香的直烈，素菜素酒，今夕何夕！可惜，这样干净的炝素，这样舒服的哥们和女子，难得几个了。我偶尔反躬自省，自己也做不好这样的菜，也不全是这样的人。

所有的炝炒，都是二荆条最得"菜心"。炝，要的主要是煳香，辣味只是其中的一点暗示。炝炒素菜与煳辣的荤菜不同，它炝的辣椒也只是少许，有炝出来、闻得着的煳香即可。煳辣浓重，瓜蔬的清气就浊了。用滚油大火，把干辣椒（可有少许花椒）的煳辣香逼出来，以气息熏染食材，就是炝。不知这样的回答，把问我的人呛着没有？

再说煳辣中的炝香

炝，是川菜中巧取煳辣之香的一种手法。因为好像不是什么了得的技术，也不是大菜功夫，就很少有厨师去琢磨它。反正，抓把干辣椒节，滚油里一扔，就是炝了。其实做厨师，只要不是太笨太懒，做上大几年，写在书上的那些烹饪基本功都掌握了，大家都差不多。名厨与普通厨师，恰恰是在做菜细枝末节的讲究上分了高下。几年前，我在史正良家听他说菜，我第一次听到黄姜不能去皮，小葱是葱白分叉出葱青那一段最香，用花椒要尽量把籽去掉，花椒籽有苦味……他说得最多最细的，大多是做菜的小处。那时，我仿佛明白了，什么才是境界？什么才是大师？

虽然炝只是做菜百般功夫中的小技，所谓风起于青萍之末，豹窥于一孔之见，我看一个川菜厨师往往就是请他炝一个素菜。如果连用煳辣炝味都做恹儿了，其他的，我也就不看了。炝法微末，但炝到妙处，一盘小菜也趣味横生。炝炒，大火烫锅滚油，却要煳辣不焦，不出苦味，炝入的煳香与鲜蔬的清香两味相悦，最得心欢的是锅气。还有一种是炝拌，把干辣椒炒出煳香，趁油滚煳辣热香，浇淋在需要拌食的菜上，让浓烈的煳辣味，炝入食材之中，与平常的凉拌菜比较，除了有煳辣香外，热炝还能激出食材部分本味，让这部分本味与调料的味道融合，带来寻常拌菜

卷四 煳辣篇

121

难得的风味。例如炝拌黄瓜条，盐腌制后，糖、醋、蒜泥拌匀，再炝入滚热的煳辣油，被热油烫淋的那部分瓜条，浓郁的黄瓜本味被激出来，也使其断生，瓜香溢出的气息，使少了锅气的拌菜另得一许盘中个味。用此法，我炝拌菜头片、藕片、青笋片、芹菜节……一盘炝香，满桌大菜中最不起眼，却令下饭吃酒的皆欢喜。

凉拌，炝拌，拌法同工，凉热异趣。大多凉拌菜，也当凉菜热拌，趁着或烫、或温的热气，融润调料，方能入滋入味。然而，凉拌菜的味汁大多是冷汁，热乎的，是主材。要在主材热意盎然之时，及时入汁拌菜，调料的滋味才能被食材比较充分地吸入。倘若食材冷了，热中膨胀的细孔冷缩下来，味道就很难浸入。很多凉拌菜的滋味都浮在表面，味薄而飘，就是因为那些厨师觉得既然是凉拌，那当然就凉菜凉拌了。对于这样的厨师却无法请他们，哪里凉快，哪里歇凉去。100家餐馆，99家的凉菜房都是冷菜凉拌，请他们喝茶乘凉去，哪个老板有这胆子？

炝拌菜，主材是冷的也无妨。炝拌来吃的菜，因大多是瓜蔬，吃的就是那点清鲜，所以基本上都是冷腌，用盐或者泡菜汁腌渍出水、断生、起脆。虽然，其他拌入的调料也以冷汁入菜，但炝淋的煳辣滚油，在"噗呲"的热闹听响中，所有仿佛倦怠的味道被突然惊醒，透出的是饮食中色香的活泼与机灵。为此，炝拌凉菜，煳辣块不妨多一些，要煳辣香浓；浇淋的油，一定要熟透滚热，不烫，不足以让炝味尽兴。但是，世间所有事，皆无全法。炝淋叶子菜，油热就得温柔，如炝拌折耳根，油温过高，叶子烫熟了，我们要吃的折耳根的生脆生香，也就被狠手废了。

煳辣之炝，还有一种辣香恣意张扬的手法，就是把干煳辣与油煳辣以最激烈的方式推到高潮。这就是水煮类菜品最后用炽烈的滚油，浇淋已经半带煳辣的刀口椒。川菜的麻辣经典水煮牛肉，虽然在味型上归入麻辣味，但是其中的辣，重取煳香，味道大开大合，以烫嫩鲜脆的满腹经纶，造就了川菜麻辣的莽汉主义。为了倾倒世间的麻辣众生，7∶3的二荆条与朝天椒，炒到半煳，分量要铺张，量不足，就不足以显示咱家是有辣椒的人。然后，切剁斩碾四法合用，得其粉碎皆备的刀口辣椒，再与刀口花椒混合，细密均匀地撒在已经装盆的牛肉片上，最后，用烧得滚烫的菜籽油浇淋上去，把已是煳辣碎的煳辣椒，再次重激出煳辣浓香，这就是与炝炒、炝拌并列的炝淋。我名之为川菜的煳辣炝香三绝。

川菜的味道美学 辣椒真味

香辣篇

香辣的名正言顺

　　说起香辣，总是要想起一句套话，形容一个人活得人模人样，走到哪儿，都风风光光，场面上都打得伸展，就说他是吃香的，喝辣的。这个香辣，却与辣椒"没有一毛钱关系"。香，是大鱼大肉，四川人叫油大；辣，是酒。喝不来酒的人，就说酒冲鼻子辣口。也许，吃香喝辣这句话，是喝不来酒的人首创的。不过川菜中，辣椒的香辣倒是和酒肉亲近得很。绝大多数香辣味的菜品都是肉菜，要做出香辣浓郁的味道也的确离不开酒。所以，香辣之中，辣椒才是吃香喝辣的那位。我们吃了如此得来的香辣，我们也就是了。

　　其实，这句与辣椒无关的话真的在无意间道出了辣椒在辣子味中，从青辣、鲜辣、干辣、煳辣，华丽变身为香辣的秘密。正是肉油的滋润和酒的激发，才让干烈的辣椒，不焦不燥，入众味众香而不失其主，和众味众香而独显其身。我个人偏执地认为，厌酒者，素食主义者，不好色、以清心寡欲为高境界者，以及味道中的胆小鬼和伪君子，不足以与之言香辣。香辣，就是我们这些俗人吃大肉、喝大酒的大欢喜。那些滋味中的小知识分子和"小资产阶级"，早已消失或者被消失在来到香辣蟹、香辣兔、香辣龙虾、香辣猪蹄……的路上。坐在一大盘或者一大盆香辣肥肠周围快活无比的人，见着，都可以称一声兄弟。（此句模仿小宽文句。）

现代川菜成型之后，很长一段时间，并没有以香辣命名的菜品。文献与川菜事典中，也没有香辣这个独立的味型。在我的记忆中，明目张胆而且堂而皇之地把做的辣味菜肴名之以香辣，已是上个世纪90年代的事情。20多年前，中国商潮突起，老派川菜店陋菜旧，功夫菜麻烦，家常菜不受人待见。请客吃饭，弄几个回锅肉、水煮肉片、麻婆豆腐之类，特没面子。"真朋友，吃川菜"的阿Q式暖语，也是后来的话。在不绝于耳的港台流行曲和戏称的"鸟语"声中，川菜的大本营成都，高朋满座、觥筹交错的，大都是装潢洋气的粤菜馆子。仅有百年之史的年轻川菜，一路多难，至此低迷。

这时，一种打着"江湖菜"旗号的民间川菜，揭竿而起。乡风乡味，家菜土菜，从巴蜀大地的崇山深谷中，毫无章法地杀将而来。一时间，"乡老坎""巴国布衣""外婆乡村菜"名噪锦城。两千年"尚滋味，好辛香"的川菜，在极度地憋屈中，拿出骨子深处味道的野气和血性，就这样以几乎夸张的、粗野的味道，收复失地，重铸江山。其中，滋味张扬的香辣，就是在饮食江湖上横刀立马的五虎上将之一。香辣掌中宝、香辣土龙虾，以及略后出现的"光头香辣蟹"等，让香辣这种其实早有，却名不见经传的风味，终于在川菜的味道谱系中名正言顺。

红极一时的江湖菜，作为一种现象性风味流派，在完成了自己的历史使命后，已经风光不在。打江山的武夫，终归要让位于打理江山的文人。虽然近几年，一些曾经在江湖菜红火时灰头土脸的人，现在得意了，便对江湖菜百般诟病，认为江湖菜的大麻大辣、重油重味、粗糙野道坏了川菜的名声，但是在我心中，正是江湖菜对滋味的强调，对辛香的突出，才以山野之清风，一洗当时餐厅套路川菜的文弱小气，回归了川菜以味道为核心的本质。虽然，过度的麻辣的确矫枉过正，但川菜的形象，从此才如此饱满和鲜明。

香辣味和泡椒味是近现代川菜在沉寂多年以后，从民间山野原土的深厚中孕化出来的两大味式。烹饪学院派的理论经卷，至今难以承认它们独立存在的事实，更无力解释和理解香辣在川菜辣味族群中，具有怎样的味道美学的意义。对于我，香辣从野狐修成正果，与麻辣、酸辣鼎足而三，不仅弥补了川菜辣味逻辑中重要的结构性缺失；更重要的是，香辣的出现让我再次坚信，菜是活的，味道是活的，川菜是活的。那些深藏于民间的、家的、很多很多鲜活的美食原态，是一个菜系不断推陈出新、生机勃勃的根本。

欲说香辣,先说麻辣

　　川菜以"擅长麻辣"或者说"善用麻辣"著称于世。这四个字细说起来,当有三层含义:

　　其一,就用花椒来说,其他菜系的料理中也并不鲜见,甚至偶尔用量也不少,像京菜里的辣皮子滚羊肚,煮羊肚的时候,要用几颗花椒,起锅前,还得在孜然中加花椒粉。鲁菜的名菜之一,居然就叫花椒炒鸡,而且,讲究的厨师还要干鲜花椒共用。这是古中国曾经遍用花椒的残痕遗韵。但是绝大多数时候,他们都是取花椒那点香味,去腥增香之用。花椒的麻,他们的舌头已经因为忘记而陌生,乃至畏惧了。只有巴蜀的川菜,得其香,喜其麻,很多菜品要的就是椒香中独特的麻味。麻婆豆腐和水煮牛肉,菜面上的那一层花椒面和刀口花椒,一群人中谁吃得欢喜巴适,谁就是四川人和重庆人。说川菜善用花椒,真是言过其实,直到现在也没几个川菜厨师识得、用得花椒的三椒五味。所以,"擅长麻辣"的主要意思是川菜常用、重用花椒,独得其麻。

　　其二,用辣椒的地方就更多了,要说用得狠,川菜真不敢称大。但要说善用辣椒,川菜绝不是浪得虚名。相较其他嗜辣的地方,川菜用辣,一是花样多:贵州、湖南的辣型,一只手就够数了;川菜里的辣味,两只手全用上,好像也数不过来。川菜最有魅力的10种味式中，除了椒麻，其他都要用到辣椒。二是用得精巧：就拿川菜中常用的红油来说，不同的菜肴，就有不同的红油。家常拌鸡要现炼现用，夫妻肺片的红油却一定要轻度发酵后，才有浓醇滋润的香感。而红油兔丁，只有熬炼中加入豆瓣，得了豆瓣的酱香，辣味才厚。三是川菜用辣椒的关键所在：如果说其他喜辣的菜系重在椒辣，川菜却倾心于辣椒之香，辣度较弱，辣香浓郁的二荆条成为川菜辣品的王牌主力，根由就在于此。凡用辣椒，重取其香，这是川人在滋味上的美学倾向。香辣的出现和定型，正是川菜众寻辣香千百度后的水到渠成。"擅长麻辣"中，真正摆得出谱来的，是用辣椒的十八般武艺。

其三，花椒、辣椒并用并重，在川菜的旗帜上浓墨重彩地书写出"麻辣"二字，让花椒轻灵阴柔的麻及麻香，与辣椒炽烈阳刚的辣及辣香，相互融入并彼此提升，金风玉露一相逢，便胜却人间滋味无数。双椒的结合，是如此绝妙，几近奇迹，又如此和谐、平衡、般配、自然，堪称世界饮食史上，食材味道搭配的无双典范。川菜的"擅长麻辣"，重点突出的就是这种在味感构成、滋味向度、文化隐喻各方面，都犹如天造地设般完美的味型。这是川菜两千多年执着追求"辛香"的厚积之得，是川菜看家的法宝，守护味道江山的菜系重器。近年来，批评甚至诋毁川菜"过重麻辣""只有麻辣"的声音，不绝于耳。对于外者，我视为"无知者无畏"；令我痛心和感到危险的是，许多川菜学者、大师，也以"轻麻辣、少麻辣、去麻辣"来自证其清，好像证明了川菜大部分味型和菜品，都是不麻不辣的，川菜就清白了，就阳春白雪了。没有麻辣，川菜临天下，何以争锋？这是川菜的绝学，每一个川菜人当惜之、重之，倾全心，尽一生研学光大之。

本说香辣，却玄扯了一堆麻辣的老话。但是，川菜整个辣味谱系，每一种辣型都不是单独存在的。麻辣，谱系中的高调，同时又隐含贯穿于几乎所有辣型。不懂麻辣，就无以言香辣。正是川菜对花椒，特别是对辣椒极为丰富和深度地理解与运用，才创出极具味道美学价值的香辣一味。在某种意义上，香辣是以麻辣为核心的辣味图景中，味道色彩最明艳和跳跃的部分。其他辣味，对付的主要是嘴巴，香辣，看重的是我们的鼻子。它以对嗅觉的诱惑和满足，弥补了川菜辣味在味道整体感验上的空缺。川菜用辣椒，无论做什么菜，都要把辣香做出来。而香辣，就是这种原则与坚持的极致表达。然而，众菜中的辣香，与独立成味的香辣，虽有因果，却门户自立。这就是我要在辣子味中，为香辣张目列传的原因。

卷
五
香
辣
篇

香辣的情色

　　我反复念叨的川菜最有魅力的10大味道，从突出辣椒辣香的辣子味，到突出花椒麻香的椒麻味，一味一味地交织变奏，犹如一部情节复杂、高潮迭起的戏剧。香辣在其中，虽然只是一个桥段，甚至只是一个场景，却因为极尽味道的香艳与浓烈，演绎出整部川菜大戏的销魂时分。我经常"教唆"年轻人，饮食中"撩妹"，不要搞什么红酒牛排的烛光晚餐，那纯属虚头巴脑的假浪漫。七分熟是老年人，三分熟吃了妹妹拉肚子，一番优雅端起，如何奔得了主题？大酒大肉，才最没有中年的油腻。红烧肉和香辣肉蟹，口感与滋味的颠鸾倒凤，就是川菜的床戏。

　　色调明艳，肉感多汁，香气浓冶，味道丰满，辣的刺激和香的诱惑如此集中地、强烈地在一种味型、一个菜式中表达出来，这是味道王者对后宫三千的君临。一个没有激情和豪气的厨师，做不出满桌生香的香辣。香辣无小菜，一碟香辣小虾米，肯定是奸细。一个真正的吃货，面对香辣，完全没有抵抗力。总是要历经了香辣小龙虾、香辣梭子蟹、香辣兔头、香辣肥肠……千山万水之后，我们才会知道，味到浓处，方见大美。

　　香辣是对辣椒的深度诠释。在辣子味的序列中，香辣的味相处于干辣的本分和煳辣的夸张之间，把辣色、辣味、辣香都充分呈现出来，均衡、醇正、饱满，是整个辣味谱系中，辣椒的一次完全打开。我把香辣放在干辣和煳辣之后叙说，是因为，不了解干辣的本辣和煳辣的特香，就难以准确地把握香辣对二者之优的综合。青辣带生，鲜辣略涩，干辣偏燥，煳辣近苦，辣椒在其他辣型中，虽以独有的风味得了爱家的青睐，但总有一些味道的偏颇或者过分。唯有香辣，色香味俱全、俱正。从味型构成和表达的美学理想来审度，香辣是一种味道的成熟。

香辣的本质和核心，顾名思义，就是浓墨重彩渲染而出的香。百菜百味，皆有其香，清香、鲜香、甜香、芝香、酱香、糟香……味道的众香，各有其妙，各得情有独钟的知音。川菜用辣椒，不管何种辣椒，取其什么辣味，也都要把所选辣椒的特有之香烹调出来。但是，这些或浓或淡的香味，都只是味道表达中的一种成分，不是味型诉求的重点和主旨。而香辣，虽然它以取辣香为主，但香度、香感的充沛与蓬勃就是它的身心相许。

以香制胜的香辣，虽然烹炒的时候需要加入各种辛香料，吸附、凝聚、融合姜葱、花椒以及各种香料的味道与香气，形成一种味体丰厚的复合之香，但是香辣作为川菜善用辣椒的典范味型，它的主体之香，根本来自辣椒。香辣是对辣椒香味深入骨髓的理解和释放，它如此正本、完整地把辣香淋漓尽致地激发出来，一根源自美洲的辣椒在川菜中展现了它的全部风韵。遗憾的是，很多厨师做香辣，过分依赖香料，甚至把香料的配比视为独家绝技和不传之秘，对辣椒于香辣的作用却懂得很少，也不去试验和研究。舍正求奇，本末倒置，在现在的厨师中比比皆是。他们不知道，香辣绝不是香加辣，没有突出辣椒之香的所谓香辣，满身香艳，也是徒有脂粉。尽辣香于一味，香辣才有顾盼神飞的灵魂。

卷

五

香

辣

篇

辣椒蕴含了丰富的香味物质，本身就是大香之料。它所含的醛类、醇类、酯类、香兰素、脂肪胺等，是辣椒天香之本。而它聚合的糖分，更让这些香味物质避免了散发时过度地尖锐。科学告诉我们，辣椒干化之后包含的香味物质和糖分，会更加容易在加热时释放出来。特别是在加热的油脂中，美拉德反应和焦糖化反应下，它能够产生大量的香型风味。这些身骨之香与辣椒素结合，在辣意、辣味的激扬中，辣中出香，香中隐辣，辣与香的共舞，色相皆艳，风情漾溢。这是味道的浪漫主义，是我们与大滋味相约的佳期。

一个厨师，无需要求他能把各种辣椒所含成分说得头头是道，也不必要他在辣椒中吟风弄月，但是他必须知道，香辣的主香是辣香，接下来还要知道，什么辣椒才是尽得香辣的正分。

香辣的辣椒情结

壹

　　香辣虽与麻辣、酸辣并立为川菜用辣三大味型，也需要其他香料、调料的辅助，才能成就自身。但麻辣是麻与辣并重，酸辣是酸与辣均衡，麻和酸，是站着与辣说话的，即使有时候辣的戏份多一些，麻感麻香、酸香酸味，也从不是整体味道中那个帮腔搭话的捧哏。香辣却自始至终以辣椒为调味主料，以辣椒之香为主香。无论在哪种具体的香辣菜式中，无论与哪些香料、调料搭配，辣椒都独得头彩，始终处于菜式味道的中心。

　　这样一种主打辣味辣香的风味，虽然不至于要厨师对辣椒的了解可以如数家珍，但起码要懂得常用辣椒的色度、辣度和香度，要拿得准不同辣椒品类搭配的比例、用量，然后还要清楚不同菜式的香辣，如何与不同的香料、调料配伍。一句话，做得香辣的厨师，要能把辣椒的辣、鲜、香、甜、色，几近完全和极致地打开与释放，让辣椒全身心倾情一味，精华尽出。川菜的其他辣味大多偏重辣椒的某一种特质，只有香辣，要拿出、用尽辣椒的全部家当。滋味云雨，这是辣椒的一次尽欢；味道江湖，这是辣椒的一场决战，叫人想起《水浒传》中那句回肠荡气的吆喝：

"梁山泊好汉全伙在此！"

　　既然香辣是这样一出辣椒的重戏，首先，要选对辣椒的品种和品质。那些认为只要是干辣椒皆可香辣的人，近乎厨师行当的滥竽充数，不值得"师"他们几句。可与言者，当有厨心。每次，我对厨师说起这个词，都有人一脸疑惑：厨心？什么意思？厨，汉语的本义是烹饪食物的场所，就是厨房，后来引申为烹饪这件事，再引申为干烹饪的人。前者如学厨，后者如大厨。于是，地方、事情、人物，三种含义集于一词，这就有深意了。在特定的场所，做特定的事情，成为特别的人物，隐含其中的是，一个人在场的存在感，从业的事业感，成就自身的自我价值感。有这三感，便是厨心。其他行业，我没有印象，是否有这样一个包含如此深层、完整内涵的职业称呼。如没有，做菜的人，以厨为名，就是天赐神许，就是要我们做菜的人，有担当，要执着，成自我。所以，商汤以厨祖伊尹为相，老子亦云："治大国如烹小鲜。"当下网络动漫中，用"厨"代指因为喜欢某种事物或角色，固执到偏执，甚至走火入魔到病态，喜欢什么就叫什么厨。我觉得，虽有贬义，但也暗含厨者就是这个世界上最专注、执着的一群人。

　　本着这颗厨心，就会认真地去探究，做出来的香辣色香味都非常突出、鲜明、浓郁，而且一定是以辣椒为本为主，形成辣香的经典。那么，究竟哪种或者哪几种辣椒，才是不二之选？即使选对了辣椒，还要精准地分析不同辣椒的用量和比例，让不同的辣椒，各司其职，各尽其能。当然，还要知道加入哪些香料、调料，才是相得益彰的组合。烹炒的火候、时间、手法，更需匠心。这是后话，首先，万紫千红中，什么辣椒，才是香辣的情有独钟？

川
菜
的
味
道
美
学

138

那些一椒通杀的厨师，自不在我的言中。常见的情况是，许多厨师觉得既然香辣要突出辣椒的香，那当然就是二荆条了。二荆条辣度适中，干椒的香辣味本就浓烈，做香辣选它好像天经地义。其结果是，做出菜来色相黯然，负了香辣的艳名；更吊诡的是，以香取胜的二荆条，偏偏在香辣菜式中故作谦虚，千呼万唤始出来的那点辣香，还羞涩含蓄得很。以香求香，要红给红，原是简明的本手，但在香辣的狡黠中就成了一个陷阱，至少是一个容易似是而非的误区。我总是说，菜是活的。活就活在"物无定味"，它拒绝一切烹饪的教条主义和机械主义。所以，"百菜百味"，所以，"一菜一格"。川菜的八字真言，无一字之虚妄，真需要一颗厨心每菜当思。

二荆条是川辣的大杀，但绝不是王炸。百菜都是小米辣的，那是劣厨；二荆条、二荆条的，那确实是"二厨"。为什么川菜中人见人爱、花见花开的二荆条，在香辣中就不灵了？

贰

我说二荆条不适合做香辣，肯定有一群厨师要嘘我。二荆条在厨界常用的辣椒中，的确是辣香的翘楚，香辣以香为重，选辣椒，想都不用想，二荆条当仁不让。可天下事往往就这么诡谲，平路顺道走过去，尽头是坑；理所当然做起来，结果是错。

香辣从味型定味上说，虽然突出其香，但也要有既醇厚又够劲的辣感，甚至正是减弱了燥烈却依然饱满有力的辣味，才推动着香的打开，支撑着香的张扬。香辣的香，主香是辣香，无辣感，或者辣感不够味，香就风气不正，像一笔来历不明的横财。我吃过许多用二荆条炒的香辣菜品，闻着也的确很香，但香得无骨无魂，端上桌来，有一种似乎刚刚从化妆间妖冶而来的歌星味，弥漫开来，显得过分娉娉袅袅。香辣之香是味道的大香，身骨刚正，形容英爽，虽无辣之怒意，却隐有辣之霸气。二荆条的特点是香度足够，辣度却柔弱了。缺少了辣的推力，香气是散漫的、轻浮的，浓而不烈，多而无主。这样的香辣，做得再好，也像英雄气短，在真正的吃家面前，勾引多于征服，近乎香的献媚。

微辣且香是二荆条最大的优点，但恰恰是这个优点，让川菜中风光无限的它，止于香辣。那一群嘘我的厨师，肯定又要说，这有什么关系？厨师不是傻子，二荆条不够辣，加些辣度高的辣椒不就行了吗？于是，我又吃到了很多二荆条加朝天椒，甚至加七星椒或者小米辣炒的香辣菜。二荆条取其香，其他辣椒取其辣。一菜多椒，各取其优，本来就是川菜善用辣椒的自家功夫。这么简单的解决之道，若就能从根本上实现以辣取香、以辣出香的香辣追求，那我要么是无知，要么是故弄玄虚，常以川菜研学者自居的我，真该闭嘴停笔了。可惜的是，如此这般，香辣依旧不成王道。

香辣之所以成为川菜辣味谱系中辣之王者，就在于辣椒之香与辣椒之辣高度融合，更在于对辣椒的极致理解和运用。二荆条取香，其他取辣，在川菜的大量菜品中常用常灵；品种、比例搭配得好，也要不俗的心致和功夫。但是用到香辣中，就显得取巧有余，大气不足。这种方法，因为辣椒的不同，辣香和辣味虽然都来自辣椒，却由于不是一体而出，滋味与气息中总有一些若即若离。用朝天椒的辣，去推扶二荆条的香，虽是同族，却不同根。也许，10个吃客中，9个都吃不出有什么不对，但遇着吃细味的大吃家，就会品出辣与香之间的貌合神离。香辣，自然不是香辣中，几种辣椒同用，每一种都既取其辣，又取其香。众椒并重并用，追求的是香辣浑然而富有张力的味感中，辣味辣香层次的丰富，还有豪味深处的细腻。味道美学中，入味为中，补味次之，提味才是上手。

只来自一种辣椒，但相互之间，谁也不是谁的附庸，都是自辣自香。像蜀国的五虎上将，个个都可独领十万雄兵，镇守一方江山不缺。五将联袂尽出，显的是一国的王气大运。香辣中，几种辣椒同用，每一种都既取其辣，又取其香。众椒并重并用，追求的是香辣浑然而富有张力的味感中，辣味辣香层次的丰富，还有豪味深处的细腻。味道美学中，入味为中，补味次之，提味才是上手。香辣的辣正香纯，提炼激发的是本辣推本香，借辣出香终是落了下乘。

更致命的是，极香的二荆条，即使借了其他辣椒之辣，除了干香辣之外，其他菜品也发挥不出椒香之优。借别人的肾，硬自己的腰，这多少有些虚张声势。于是，烹炒出来，香度最高的二荆条，反而不如香次于己者。二荆条辣香很浓，但是相较于其他一些辣香辣味皆有的辣椒，皮肉不够敦厚，质本单薄了些。特别是皱皮二荆条，干椒只有薄薄的一层皮壳，而且细瘦多皱，滚油烹炸，易酥易煳。香辣是辣之大者，酥香虽妙，终归流于辣味的乖巧；煳香也绝，却味狭至怪奇一脉。香辣的大辣大香，是川菜辣味谱系中的壮怀激烈。最怕讨巧弄奇，酥得散碎，煳得野怪，都会轻薄了香辣的身骨，小了香辣正辣正香的格局。香辣虽有香艳的气色，却也是大英雄的真风流，不损川辣大味的本色正气。

我说二荆条不是做香辣的首选，还因为大多数香辣菜式的烹炒，与炒辣子鸡、炒煳辣菜品不同，它底料炒制的时间相对较长，而且略有浓汁，细薄的二荆条真有些难以消受。

叁

每一个爱辣椒的川菜厨师说起二荆条，都像在说家里的宝贝。特别是成都，那东山上的二荆条，初夏到来，青椒微辣中清香俏皮；秋意深了，最后老辣的罢脚海椒终于拿出了辣椒的本性，又辣又香，更是稀罕得很。每一根都要惜着用，所以又叫二金条。谁家里有一罐用秋椒做的鲜椒豆瓣，吃饭的时候，筷子挑上一小撮，靠在碗边的米饭上，然后搬个小竹椅子坐在街巷边的屋檐下，吃几口饭，蘸一点辣椒酱，辣得嘴里"嘘嘘"出声，对面的邻居，嘴里也得直冒口水。那是贫穷时代成都二荆条的美好时光，现在，再有钱也买不着了。

我也是二荆条的铁粉，遗憾的是，做香辣它真不是好派场，椒皮偏薄，油炒之中太容易煳酥。煳酥当然也是妙香，但却不得香辣的正派。偏偏香辣底料的烹炒，因为调料品类多、用量大，需得长一点的时间，才能充分出味出香；加之炒香辣，用油也重，用火也大，辣椒清流一派的二荆条，如何经受得住？

偏干辣的辣子鸡，或者煳辣菜品，辣味辣香，更多的是一种皮味，气息虽也浓郁，于主料还是一种渲染和附丽。辣子鸡或者煳辣鸡中的鸡丁，即使炒得有些干香，也要吃起来是鸡肉的鲜香。像宫保鸡丁，煳辣之香更是散发其外，鸡丁吃着，须是爆炒出来的鲜嫩。那些一定要把辣劲或者煳味炒进肉里去的厨师，适合去打铁。嚼着满肉尽辣或者浸着煳味的鸡丁，属于味道的苦大仇深。香辣的嫡出正传，恰恰要辣味辣香的内外兼修，要闻着香气扑鼻，吃着满口溢香，辣感还在其中，推动、扩张着大香的生气、淋漓。这就要主料下锅以后，用足够的时间与恰当的火候，把味道炒入主料之中。底料要慢炒，主料入味，还要多烹炒一会儿，身子骨不够厚实的二荆条，炒着炒着，可能就香销魂散了。

有些香辣菜式，像香辣鸡、香辣鸭、香辣肥肠，因为食材的纤维比较紧密，为了让香辣味充分烹入肉质之中，除了烹炒的时间要够，还要适当加一些汤汁。这些汤汁，和着油、料酒，融和调料的众味，成了一种香辣的味汁。于是，在以炒为主的热烹中，还多少带了些红焖和红烧的意思。说它只是一个意思，是因为炒香辣不能加盖，加盖焖焐，香辣的气息就不敞不放了。加了汤汁，中火亮锅收浓，吃起来滋润醇厚。可是，椒皮轻薄的二荆条，最怕的就是水焖。先是久炒变得酥煳，然后又被水焖变得软弱，本来好端端的二荆条，一番煎熬以后，样子难堪，气味含混。本是好东西，却不得其用，汉语中的暴殄天物，说的就是这种糟蹋吧。可惜的是，现今的川菜厨界，真知食材之用的厨师，又有多少呢？

其实，川菜用辣椒以来，凭着"尚滋味，好辛香"的千年底蕴，似乎带着祖上对辛辣之物天赋的感应，应用之中，尽得其善。因此，二荆条在川菜中，一是鲜椒泡成鱼辣子，主要用来做鱼香；二是鲜椒腌制发酵，做成豆瓣，得其酱辣之香，郫县豆瓣就是其中的经典；干辣椒，皮薄易酥，所以大多舂成粉碎，辣椒面和辣椒碎才是天生此椒的物尽其用。炒菜中用二荆条，需是急火快炒的菜品。像宫保鸡丁，虽是煳辣，主取煳香，二荆条辣轻香辣是我们与辣椒相遇时的干柴烈火，辣要够劲，香要浓烈，这是滋味的一次身心尽欢。百味皆贤，唯香辣可以镇国。那么，当我们放弃了最爱的二荆条，是哪些辣椒担起了香辣的江山风月？

香浓，易出酥爽的煳香味道，由此得了正用；炝炒素菜，也是炝其干辣中瞬间迸发的热烈，淡淡的辣意和熏染的辣香，让一盘青素的女儿气色，隐生出舞马横刀的侠意。水煮牛肉的刀口辣椒，那更是二荆条的舍我其谁。正是皮薄、易煳易酥的特点，使其在滚油的炝淋中，辣气煳香出得透彻。不管是现炼现吃的熟油辣子，还是需要小火熬炼、浸泡发酵的红油，都必须以二荆条为取香之重。不争燥辣，独许醇香，才合了二荆条辣椒君子的心性。

香辣是我们与辣椒相遇时的干柴烈火，辣要够劲，香要浓烈，这是滋味的一次身心尽欢。百味皆贤，唯香辣可以镇国。那么，当我们放弃了最爱的二荆条，是哪些辣椒担起了香辣的江山风月？

肆

似乎是东拉西扯了一堆理由，为我的"二荆条不宜香辣论"作说辞。可能一些厨师会说，我就用二荆条，用惯了，用得上好，没客人有意见。对此，我只能淡然一笑，厨道外人，何必言菜。可能更多的厨师要问，那什么辣椒才是香辣的最巴适？

全世界的辣椒，据说有5万多个品种。天生人选后，还有2000多个，专门栽培出来供人食用。外国的我所知甚少，就说在中国，从云南辣不死人不要钱的涮涮辣，到新疆个大色红、几无辣味的铁板椒，厨师手上用过的少说也有几十种。但是，号称最善用辣椒的川菜厨师，能清楚说出10种辣椒的名字、产地、辣度、香度的，少之又少；还能讲究哪种辣椒适合哪些菜肴的厨师，数百万川厨之中，凤毛麟角。所以，做香辣什么辣椒最好？这个本该由厨师回答的问题，却要问我这个偏重于川菜文化研学、厨艺三流的写字人，虽还不至于是问道于盲，也差不多是病急乱投医的无可奈何了。我翻书问师查百度，有很多关于香辣怎么做的菜谱，但令人诧异的是，没有一个具体说出其中的干辣椒要用哪种，好像只要是干辣椒，就可以得香辣。

百年川菜，一代又一代大师，在辣椒的使用上无疑积累了许多犹如珍宝的经验。可惜，口传身授的私家传承方式，让众多绝技不见于文字，甚至失传于身后。加之香辣一味，兴之也晚，做的人多，用心去研究的，却真的很少。因此，我自己出的难题，也就只有自己勉为其难地来解答了。不过，我这点家常小厨的经验，即使加上研学所得，也真不足以为香辣用椒一言定论。应该说，这个问题的确不能一言以蔽之。陕西人觉得秦椒香辣无双；贵州人以遵义满天星和贵州子弹头为香辣的王选；辣不怕的湖南人定要说，醴陵的朱红椒才是香辣的"霸得蛮"。物无定味，众口难调，饮食有标准而无真理。就像认死二荆条最香辣的，我只有一句话：继续，"二荆条谢谢你"。

做香辣用辣椒，至少得有三个方面的考虑。一、用什么品种最合适？二、辣椒的品类搭配如何？三、用多少辣椒恰到好处？对于第一个问题，我推荐两三种辣椒，你试着用了，效果还可以，就照方子抓药，不管是香辣排骨还是香辣虾，香辣百变，你一方通杀，那你白读了我的文章，我也误了你的厨业。香辣的辣椒选择，根本上是要明白香辣的风味构成和特色。它不是香加辣，是香辣交融，浑然一味。香要浓，辣要够，以辣出香，以辣推香，而浓郁的香体，又让辣感不再是一种威慑。观音的雷霆手段，金刚的光明欢喜。香辣，不是刚柔相济，而是刚即是柔，柔就是刚。味道自洽自生，香辣修成了圆满。吃透了不同食材和菜式的香辣风格，理解了香辣的味型特征，以此为选择辣椒的佛手法眼，至于究竟定要哪种辣椒，我想说，由你。

当然，可能有厨师说，你说得玄玄乎乎，我们听不懂。那就讲大白话吧：做香辣的干辣椒，香度和辣度都要有，因为炒出香辣需要一定的时间，有时还要有点汁水，所以辣椒的皮肉要厚实一点；诱人的香辣，菜相也要出色，所选的辣椒颜色就要红亮。香度、辣度、质地、色泽，四缺一不可。买做香辣的辣椒，尽量买栽种时间长、果实成熟度高的晚熟红辣椒。香辣需要的辣椒，既要有辣的劲头，又不要辣的烧燥。因此，要选择辣味够，但辣椒素含量不在峰值时期采摘的辣椒。辣椒在深绿的时候，所含的辣椒素达到高峰，随着浸红，辣椒素就慢慢降低，当椒果红透，水分和淀粉粒也逐渐减少。而出香的物质，例如糖分，会随着辣椒的成熟度递增。一年中，9月中旬下枝的辣椒，辣度适中，香度浓郁，色泽饱满，皮质有蜡感，这就是辣椒于香辣的风华正茂。而且最好是当年新采，趁着秋阳最后的温暖自然风干的干红辣椒。辣椒不是酒，陈年的，香与辣都散了。你一定要问，认不来，怎么选？劝君不要着急，我随后就与你说来。

陕西人觉得秦椒香辣无双；贵州人以遵义满天星和贵州子弹头为香辣的王选；辣不怕的湖南人定要说，醴陵的朱红椒才是香辣的"霸得蛮"。物无定味，众口难调，饮食有标准而无真理。

伍

买东西是一门学问，买吃的东西，特别是食物的原材，门道和讲究更多。多少知道一些，买的时候，对我就有了乐趣。当然，对于卖家就是一种讨厌。巧妇难为无米之炊，好厨就怕劣材之烹。挑选辣椒，一看，二闻，三搓，四尝。皮色红亮，摸起来硬中带韧性，闻着没有冲鼻子的炝味，搓碎后手心有油脂感，有辣香散出，尝一点，辣味的干烈中隐隐回甜。这样的干辣椒，就可以买一堆回去，用一年。一次不买够，再去，货卖断了，就只得等来年仲秋收椒以后。没有好辣椒，香辣怎么办？

我见过一位师傅，一块五花肉拿到手里，捏捏看看，就说得出这猪养了几个月；给他一根干辣椒，闻一闻，搓一搓，一语断言：遭了绵雨的，没有长够就红了，七八月份收的。接着他说，这种没长透、伸展不开的辣椒，做干辣椒要不得，拿来泡勉强可以，最好是做鲜辣椒酱。那次，我真惊着了，传说中的饮食天人，世间真有。他却说，做菜做久了，再多少用点心，自然就知道了，没什么学问。他说得平平淡淡，但我心知，就这个持之以恒的久，这点孜孜以求的用心，有多难。

要做一名好厨师，首先，要做一个识货人。我看到有人介绍了一种辨识干辣椒好坏的方法，说是买回来，选几根，用水煮一煮。开水煮一会，辣椒不碎烂，辣椒水没有呛鼻难闻的霉味，就是好辣椒。说得煞有介事，貌似诀窍，问题是，买都买回来了，煮出来是孬货（四川人叫好撇哦！），那是专门跑一趟去退货，还是扔进垃圾桶呢？买食材的事后诸葛亮，四川人叫"假背时"。要我们的厨师个个都有中医大师那样望闻问切的神技，的确不现实。我说的看闻搓尝四法，也要点积累，才能在选择的时候八九不离十。不过，我倒有一个简便的法子，在买干辣椒时，补看闻搓尝四法之不足。一种干辣椒，色泽不错，摸起来也干燥有韧性，辣不辣一尝便知，皮肉厚不厚实，看摸搓也能断过大致。但是，要买的辣椒，够不够香，香得正不正，搓了，闻了，还拿不准，怎么办？很简单，用打火机烤一烤，不容易烤煳，椒质就厚，就是在枝上长够了时间的足熟辣椒，做香辣时，就经得起烹炒；烤到微煳，辣香自然散发出来，香气浓，没有异味，香味中隐约有辣意。这香，这点辣意，就是香辣的好消息。

说了做香辣需要怎样的辣椒，也说了怎么挑选好的辣椒，但是我遇见过一根筋的人，要刨根问底，我不说出一两种做香辣的辣椒名字来，他要失眠。我吃过很多次麻辣香锅，这道据说源起于重庆缙云山的土家菜，名为麻辣，但味偏香辣，干辣椒、郫县豆瓣，还要加火锅底料，味道非常厚重。虽然香料在其中起香不少，但辣香仍是主调，绝大多数都用二荆条炒料，我吃了，总觉得绵厚有余，即使很辣，也是口舌中油腻的黏糊，缺少辣劲打开和上升的暴爽。有一次，我吃了几口，嘴里并不觉得十分火辣，耳朵深处和脑袋里却隐隐有轰响的声音，整个人在辣意和浓香中清朗起来。仔细一看，盆中的辣椒与往日见的有些不同。问店家，原来不是二荆条，而是重庆本地产的，叫石柱红。后来，查了资料才知道，这是重庆石柱县的特产，主品也是朝天椒的一种。这种辣椒，有小米辣、七星椒之辣，但兼有二荆条之香，加上籽少、色红、油气重，虽然鲜椒常人不堪食，做成干辣椒，却是得香辣之天下的椒王。它的烈辣，在炒料中被糖、醪糟酒柔和以后，辣度降低，辣劲依然，足以推动辣之香气四溢而来。地道的重庆火锅，少用甚至不用香料，却能辣香浓烈，滋味本真，正是他们本土石柱红之功。因此，做香辣，我以此为辣椒的主帅。用这个品种的辣椒炒料有一个要紧，就是油切不可重。石柱红辣度很高，油太多，辣椒素充分溶解到油中，油糊食材，吃起来燥辣黏口。

　　没有石柱红，就用贵州的子弹头吧。这也是朝天椒的一种。其实，好的朝天椒，皆可以香辣。

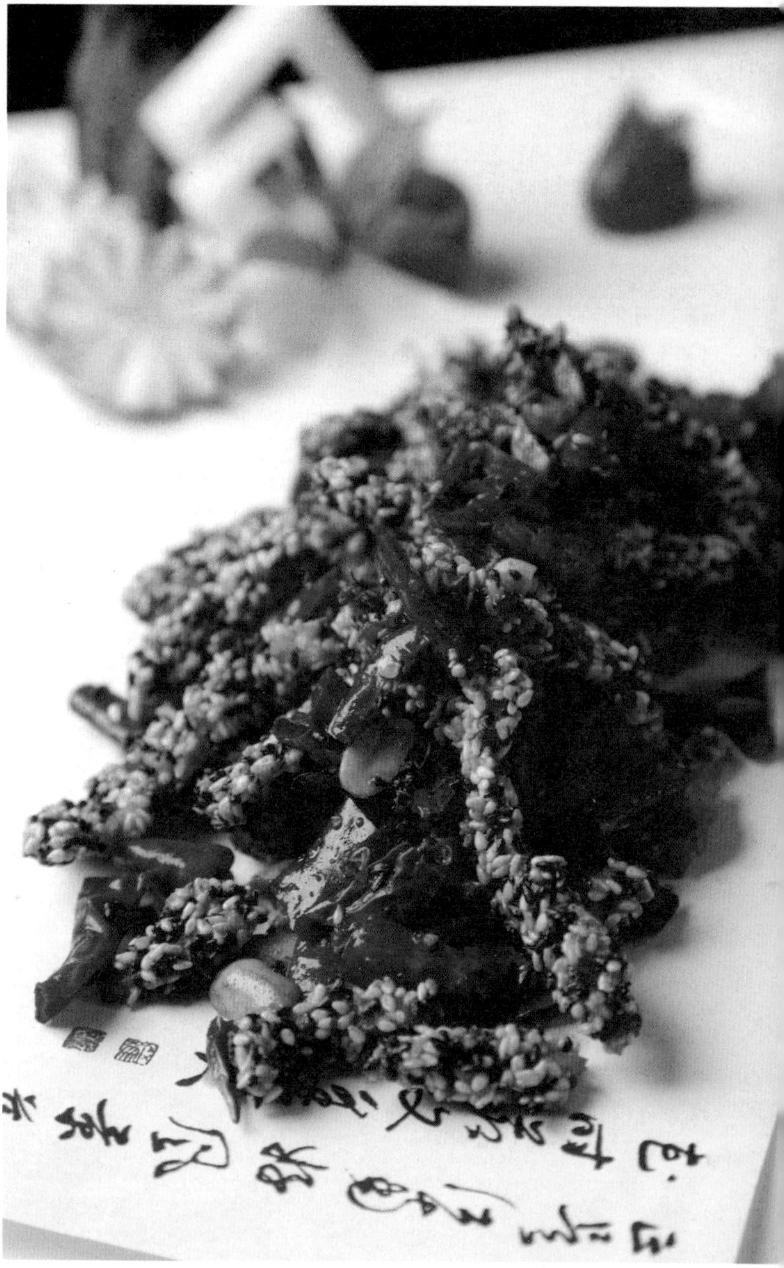

香辣的香料态度

壹

辣子味中的香辣，对我来说，起香出辣的主角必须是干红辣椒。当然，香辣作为川菜中味感、味相、味素构成非常饱满的味型，也需要其他调料辅佐、调和与烘托。在川菜中，辣椒，特别是干辣椒，从来不是味道江湖中的独行大侠，更不是克亡众亲的天煞孤星。

自从辣椒传入四川与"尚辛香"的千秋川菜结缘以来，正是一代又一代深谙滋味的川厨们，善于把漂洋过海而来的海椒，与已有的各种调辅料结合起来，守正求奇，百样辣变，才创造出许许多多以辣和味的味型与菜品。辣椒和花椒相遇，演绎出人类饮食史上的旷世绝恋，就是天下无双的经典。或许，有人会说，咖喱也是辣椒与其他香辛料结合调配出来的，咖喱比麻辣更国际范。不错，大多咖喱中的确有辣椒，但是，姜黄才是老大，辣椒在咖喱的一堆香辛料里只是一个小小的跑腿。辣椒，在它的故乡，在墨西哥的"库鲁斯"中，是当然的老大，洋葱、番茄、大蒜、胡椒、柠檬、香草……脂粉众香，都是辣椒的三妻四妾。另一个让辣椒风光无限的地方就是中国，特别是在中国的川菜中，它和中国古已有之的花椒，在八月的阳光中同时出红，与花椒平分秋色。辣椒和花椒的身心互许，创造出一个菜系味道的最大特色。川菜的麻辣独步天下，同时，与酸味调料和其他香辛料的调和，让酸辣、香辣并立于麻辣左右，成为川菜复合辣味的三大主力。

在中国，以椒入菜的地方很多，湘黔赣等辣椒用得更是豪猛。那为什么一说辣椒，人们首先想到、提到的，就是川菜？根本在于，川菜用辣椒，在"好辛香"的风味追求中始终以"尚滋味"为灵魂。川菜用辣椒的两大法宝：一是善于从辣椒本身提取不同的辣味和辣香，无论是不同的辣椒，还是同一种辣椒，都要呈现口感与滋味的丰富和变化。一椒出百味，就是川菜窥破的辣椒天机。二是善于把辣椒与其他调辅料结合起来，让酸甜咸鲜苦，都是辣椒自成正果的味道修行。百味奉一椒，就是川菜辣变的镇派秘法。香辣，集两法于一身，既要突出辣椒作为主味的浓烈丰厚，又要在整体味感中，表达出辣椒与其他调辅料融合以后，层次的丰富和细腻。

做香辣，是否要用香料，特别是需不需要用除花椒、老姜、葱等以外的香辛料，川菜厨界，多有争议。从现有菜谱文献和各种香辣制品的配方来看，用与不用，各成一派。对于坚持不用香料的厨师，我怀高山仰止之心。不教百味分天香，只许辣椒尽风流。烹艺中的原教旨主义，我一向敬而远之。不过，追求单纯的极致，是味道美学的天籁，能达到这种境界的，当是一代宗师。百年现代川菜史上，在我的认知中，可能只有风清扬一般绝响于世的黄晋临，曾经偶然登临过如此寂寞的高处。对我而言，敢用、善用香料与辣椒搭配，让香辣的辣意辣香，和众味之融不失其本，才是川菜味本、味合、味厚、味变的大滋味。

香辣中用香料，的确是一锋双刃，用的品类有误，用量不当，手法失序，都会败了辣椒的正味。我吃过的很多香辣菜品，用过的香辣酱料，大多是辣孤独，香怪异。一盆寡辣，一盆香料味。究其原因，是很多厨师做香辣，靠的就是香料出香，不知道香辣之香必须是以辣椒的辣香为根本。如果说墨西哥的"库鲁斯"，辣椒与香料，是君臣际遇，是主宾相逢，香料在其中，分量和作用都很重要。但川菜的香辣中，香料就只是辣椒起辣出香的引子。用了香料，但吃不出香料味，所有的香料都充分融合在浑然的辣意辣香之中，让辣椒的滋味呈现更加突出、饱满、张扬，这才是香辣中香料的正确态度。

我有一个梦想，一盆香辣小龙虾，辣色明红，辣味润厚，辣香春情漾溢；红花椒的微麻与青花椒的轻香，若有若无萦绕其中；一点大料、一点肉桂、一点小茴香、一点香叶的风情，需得在细品后回味时的料想，才思量出来，但它们许以辣椒的那份真香，让香辣百转千回。

贰

一道气息浓郁、滋味醇厚、色相俱佳的香辣菜品，会在梦想的什么地方、什么时候出现在我的面前？它的辣，入口之时，几乎悄无声息。它一定先是醇浓的滋味充满整个口舌，滋味漫延时，辣意似乎是从味道里滋长出来的。对于我们，不仅仅是频率的震颤，不仅仅是震颤带来的刺激，同时也是一种开放，温暖，然后火热。辣感的打开，把味感调动起来，这时，所有的辛辣鲜香，都是激动的。而它的香，早已在唇齿苏醒之前就扑鼻而来。

卷五 香辣篇

153

弥漫飘摇的浓香之中，可以感到隐含其中的力量——它是热力和辣劲推动的大香。王师北出，山河壮色。当如此浓香与滋味融合，再次从辣意中张扬开来，回旋在整个口腔，我终于从长久的饮食困怠中被唤醒。不仅仅是味觉，还是生命，是整个身心的重新生长。在其中，我会再次感受到自己离真实的事物——事物带来的幸福如此之近。是的，它是一次召唤，犹如号角响起，旗帜飘扬，胜利让我们热泪盈眶……

当我用这段文学少年般的抒情文字，写出我对香辣的梦想时，停笔重读，我知道，无论是饮食经历，还是文字品性，我都失败了。我吃过的香辣菜品，大多数都是类似或者近似香辣。当年，江湖川菜那种粗鲁豪放的香辣大菜，还曾经给我带来过一些乡野的清新和味觉的冲击。但是，主要依靠新鲜感与刺激的愉悦很快就平淡了，再继续，就是无动于衷。后来，为了维持菜肴的刺激性，厨师们纷纷用越来越多的辣椒，越来越重的香料，最后，几乎靠工业化的香辣酱和添香剂来支撑。香辣，在许许多多的川菜餐馆，堕落到味道的涂脂抹粉。很多网红的香辣美蛙、香辣小龙虾、香辣串串香……肆无忌惮的辣与麻，夸张怪异的香味，一群群少男少女在胡吃海喝的满足中，不知道正在被毁掉的，是生命中最重要的味觉感受力。对于我，在很久没有吃到过纯正饱满的香辣菜品后，缺少足够经验来保证和支持的研究与表达，随时存在流于个人幻想的危险。

如果说，坏人也是人，坏香辣也是香辣，那么分裂，就是他们共同的坏。坏人，是人品人格的分裂，坏香辣，是味道气息的分裂。品质低劣的香辣菜品，辣感燥烈干涩，香气虚浮夸张。辣意与香感，是气离皮，皮离肉，肉离骨，整个菜品全无精神。辣，黏糊在食材上和汤汁中，辣得痛口，却又软弱无力，只是一种刺伤与腐蚀感。辣椒本有的辣香，被闷闭和淹没，散发出来的几乎都是香料和添香剂的气味。那种辣椒加香料的香辣，不仅破坏了香辣的美学，而且践踏了饮食的道德。虽然一道美食，从不是道德文章，但味道的不虚伪，一直在暗示或象征着人生的向度。所以，我们说，饮食人生，我们说，饮食即人。

在香辣中，永远不应该是辣香不足香料补。香料不能对辣香喧宾夺主，也不能是对辣香的越庖代俎。于我而言，香辣中用香料，一要准，要用对香料，针对辣椒的品类品质、食材的味性，选择特定的香料。如香辣肥肠，因为肥肠的肉油腥臊较重，所以姜就是必要的，特别是良姜，它对去除动物类食材的腥膻气味最有效。没有良姜，白芷也是佳选，而白芷用于水产类动物食材，效果更好。二要少，香辣必须以辣香为主，香料稍多，就会混淆甚至掩盖辣椒之香。香辣不是烧卤，要靠香料充分分解融合后，给予食材浓厚的香味。现在成都餐馆里的香辣小龙虾，基本上都是先辣卤出来，靠辣油卤水给味增香，炒，弱化成一种烹饪的装模作样。没有了大火热油的锅气，也就没有了食材与调辅料被瞬间打开、激发出来的滋味的绽放。这种伪装的香辣，难以让我们春心荡漾。三要精，香辣中，因为用量少，而且不能有丝毫异味破坏辣香，香料的品质要求更高。卤水用香料，品质略次一点，随着多次熬炼，加上糖、酒，特别是食材脂香的中和、时间的积淀和众多调料的取长补短，还可以勉强弥补香料最初的差劣。但是，烹炒的香辣菜品，香料品质略差，全菜败坏。这不是香辣中，香料的好态度。

叁

　　辣椒的辣，从来直率而张扬，哪怕只有一点点辣味，也会强势地表现出来。辣椒的香，却含蓄许多。烹饪之中，没有三分手段，不仅难以让辣椒开怀香许，稍不用心，还特别容易坏了辣香，辣椒的香，有些小气。

　　因为这份含蓄，所以香辣中可撮些许香料，算是引子。中药里，一副好药常常会有一味小料，不在处方中，而是单独成一包，就叫药引子，它要在整副药熬到合适的时候，才能加进去。这味小料，不在对症下药之列，之所以用它，是要它提醒、激发整副药或者几味主药的药性，让药的功效更大地呈现出来。我总是觉得，香料，在香辣中也是这点意思。香辣的味料序列中，除了花椒和老姜，其他香料可能连配角都不是。它的一点暗香，若有若无，好像只是为了引诱辣椒的深香释身开放，只是对辣香的几丝渲染，一点烘托。

　　因为只是引子，就不仅用量要少，还需深辩各种香料的物性。天下香料，各有其香，有的浓烈，有的柔和，有的还有些怪奇。香辣，要突出辣香的纯正大气，所用的香料就不能香味太重，更不能带有怪癖之香。像八角、桂皮这类五香中的大牌，因其料香太浓郁，定要慎用。若拿捏不准香度和分量，甚至可以不用。有的厨师，做香辣居然还用了山柰，真是叫我叹其胆肥。山柰当然是好东西，是香料中难得可以单用、独成风味的妙品。客家名菜盐焗鸡，一道肉菜，就全靠山柰和盐得来特有的清逸之香。但是，山柰辛辣过重，它的辣入了香辣，辣椒之辣便失了单纯。更何况，山柰的芳香近似樟脑气味，这种偏异的香气，稍有一点就会使辣香变味，好像一个原本率性简单的汉子身上，奇奇怪怪地多了一点妖冶，一点扭捏。所以，香辣之中，像丁香、木香这类偏香，即使厨神转世，也断断不敢轻用。

因为辣香小气，就是用桂皮，也要细分品质和种类。锡兰肉桂被西人称许为"真正的肉桂"，它的芳樟醇和丁香油酚产生的花果之香，用在西餐的甜点中是妙配，但在香辣中，恰恰就是那点樟脑香、丁香和复杂的花果香，会搅和了辣香的干净。所谓"彼之甘饴，我之砒霜"，大概说的就是这样的情形。至于桂皮，还有阴香和柴桂，都因为含有少许的樟脑味，便是香辣的敌人。只有野生的中国肉桂，虽然，也是樟科樟属植物，但樟脑气息不重，才可于香辣之中与辣香轻融。它味甜性甘，所含的肉桂醛香气，只要用量不大，刚好能在辣椒糖分发生焦化反应时，以自己微甜，交融其中，引发更多的辣香漾溢。用一个蹩脚的比喻来形容，这就好像一个问题问对了，引得老师滔滔不绝。中国菜用桂皮，真还是中国肉桂更合适，这不是饮食中的爱国主义。其实，最好的中国肉桂，当数清化桂，或叫企边桂，它们油气更重，有"油桂"之称。这点香料中的油分，更能酯化辣椒中的糖分，使其尽出辣香。清化在越南，我们也叫中国肉桂，这更不是饮食中的"天朝"意识，只是我们叫惯了，由来已久，历史遗留而已。

做辣香的引子，是香料的正用。用料以正，便是厨艺的本手；正中含奇，用出细微处的讲究来，那就是妙手。用甘草，罗汉果入香辣，以所含糖分与辣椒糖分融合，让糖分焦化时散发的辣香更有厚味，并以此和味、降燥、润辣，使得干辣椒的辣意辣香，既不失香辣的刚正，又隐有堂堂君子的温润。古人讲，立本而道生，能如此者，已是入了厨道的人。可惜，现在的为厨者，一说到要和味降燥，就一味地放白糖。知用红糖、冰糖的，都算是多少有些心思了，至于懂得烹饪中取甜之润、取甜之香，要多以出糖的本物取之，如甘蔗、甘草、甜椒等，那就少之又少了。守本真，求自然，是中国饮食的魂魄。这些年来，颇有些名气或名堂的意境菜、写意菜，应该说也有一些想法。但是，面对似乎已经失魂落魄的当下饮食，不从正从本地去破去立，即使新招百出，于厨道又能有几补呢？

肆

川菜中的香辣，绝不是"香料＋辣椒"，这本该是明厨识味者的基本认知，然而现今的情况却是，许多餐馆和厨师，一做香辣的菜品，就是五香、十三香倾巢而出。更有甚者，觉得选香料、炒香料还是麻烦，还是有难度，于是，欣欣然加入诸如"呈味二甘酸钠""5肌苷酸二钠5"之类的化工添香剂。市场上买的大多数香辣酱，说明书的材料配方里也有这些东西。他们用这些连名字我都读不顺畅的东西，用得心安理得，用得理所当然。因为，他们说，用着方便，添香效果还好，而且对人无害，国家允许。最叫我无语也无力相争的是，靠香料炒香辣的馆子，比少用香料的生意好，加添香剂的又比只靠香料的更火爆。于是，他们理直气壮地拿出一句话，掷地有声地扔在我面前：市场接受，顾客欢迎，我们是做生意的，好卖就是硬道理！

好好熬羊肉汤的，卖不赢加羊肉香精的；老老实实剁椒麻的，被用工业椒麻酱的嘲笑甚至淘汰。那些一夜冒红、极速爆款的各种方便食品、方便调辅料，你去仔细看看料包的配方单，里面一堆化工添香剂的名字。过去有想法的厨师，苦心研究各种食材、各种天然调辅料的搭配，一旦偶得佳配，便视为己珍，轻易不传外人。现在，食品厂和许多网红店的经营者研究的是，怎么把那么多名称奇奇怪怪的化工添加剂配在一起，整得比别人的更鲜、更香、更刺激。他们昂着头宣布：我们是懂科学的新一代厨师！

我从来不反对在烹饪中、在食品加工中，适量、准确地使用一些添加剂，特别是天然食材萃取的产品。我更是对一些能够学习、能够运用现代科学的原理和技术，去理解食材，指导烹饪工艺的厨师许为希望，心怀敬意。这是一个科学的时代，不讲点科学不好使。但这更是一个整个人类需要回归自然的时代，最好的科学就是让我们更自然、更诗意地栖居在大地上。那些光怪陆离的人工合成添加剂，它们把食物的本味掩盖，它们把香、鲜固化成雷同的味道，它们麻痹甚至破坏了人对滋味丰富、细腻、富有变化的感受力。当更多乃至主要依靠这些添香剂、增鲜剂来获得味道的短时冲击效果，一句话，这是在毁掉一代人，也可能是几代人的味道审美能力。我不能说，一个味道审美能力弱化或者缺失的民族，是文化的悲哀，但至少可以说，是生命的无趣。

我用如此大词否定食品添加剂的泛用者，实在是白刺刺地着急。酸腐文人的无能和可笑，该就是我这个样子。不过，我早就是人群中，经常自讨无趣的极少数之一，若还有极少数中的几个有耐心听下去，我就心有慰藉；倘若还有点兴趣听下去，我便心生欢喜。川菜的兰桂均师傅说，天下最好的烹饪都是一个道理，就是要把食材最好的方面呈现出来。我明白，这是厨道真言。无论谁的麻辣、香辣做得多么霸道，如果把我从来不反对在烹饪中、在食品加工中，适量、准确地使用一些添加剂，特别是天然食材萃取的产品。我更是对一些能够学习、能够运用现代科学的原理和技术，去理解食材，指导烹饪工艺的厨师许为希望，心怀敬意。

最新鲜清甜的生蚝也做个香辣味的给我吃，我照样要问候他十八遍。但是，对于经常面临食材本味普通的川菜厨师，更多的是中低端餐馆的厨师，还有一个道理，就是一定要把一种味型最大的特点与魅力呈现出来。在我这儿，后者尤其难，尤为可贵。

老师傅们经常跟我讲，川菜最讲做啥味，就要是啥味。做鱼，要吃得出鱼味来，这是本道；做香辣，就要做出辣椒的本香本辣，做出香辣纯正大气来，这更是厨之本道的精义。有觉悟才说术法，怀境界方敢入世。现在，一些显得悟了厨道的川菜人，动辄说食材的本味，总让我觉得有点像嫖客说真爱，贪官讲初心。现代川菜有基本共识的24个味型，你一个一个说得透彻，拿准拿正了，再来给我显摆你有多么尊重食材，给我吹嘘你哪天炖了一只的土鸡，炖得肉香汤鲜，如何了得，好不好？我眼下想问的是，为什么香辣中，即使用香料，也尽量不要用砂仁？其他底料中用砂仁，为什么一定要用纱袋单独包起来？更想问的是，香料在香辣中，除了做引子，还有其他正用吗？

伍

我写香辣，一直强调辣香辣意的淋漓尽致，好像只有干辣椒才是正主。因为是在辣子味的序列中说香辣，重点是讲辣变，所以就没有展开分说其他辣椒制品的香辣之用。其实，做香辣、辣椒酱，特别是豆瓣酱，还有泡辣椒，也是起香出辣的好物。不过，于我而言，能把干辣椒做出辣之大香，不借豆瓣酱或泡辣椒发酵的味变，让椒之香辣如此单纯、干净、直接，如同英雄的义无反顾、大侠的单刀赴会。如我有幸与之身逢，定当呼朋唤友，不醉无归。

正是要突出辣椒在香辣中的本香本辣，所以用到香料，需得丹青圣手惜墨如金的心致。我读过一页做香辣兔丁的菜谱，其中，"细香料粉3克"六字让我心喜。500克兔肉，50克辣椒，却只有寥寥3克香料，足见厨者于香料的深微之心。很多厨师用香料，以为顾名思义，就是增香而已，其实，为食物赋香只是香料的入门之用。三千天物，各有其香，入于烹艺，真正的大用不是增味加香，而是净化食材，解放食材，激发食材。通过香料对食材的除异去腥，把食材蕴含的天性自然且更彻底地释放出来。还食物以真，这才是烹饪中香料之用的悟道。

很多食材，特别是动物类食材，鲜香暗藏，异味于表。腥味、膻味、涩味，甚至臭味，或浓或淡，闻着便生厌恶，如何与口舌相近。这该是自然中万物的狡计，甘蔗清甜，外皮却很硬韧；桃子果肉丰盈，果皮就涩而多毛；鲥鱼鲜嫩无双，却一身密密的细刺，让张爱玲也不得不将它列为人生中的憾事。凡是能在这个地球上存活到现在的生物，多多少少，都有一些保护自己的装备或手段。食物的异味，就是它们防身的武器。不过，对于贪欲如斯、聪明如斯的人类，它们的本事都是小儿科。搁置生命哲学的意义不论，烹饪之中发现并使用香料来减少或去除食材的异味，把食物最好的滋味、口感充分打开，这是对香料的深知，是人厨的高明。于人而言，天道以人为本，物尽其用，尽物之美，就算是对事物的尊重了。

一些厨师，通过经验和配比的反复试验，得到几个烧卤香料的配方，做出菜来确能让所烹之物更加美味。他们以为，是恰到妙处地搭配了各种香料的香，于是他们便花大力气，去分辨、了解不同香料的不同香味，渴求得到更妙的众香之和。当然，这已经是有厨心、求厨道的好厨师了。可惜的是，他们中的大多数却不知道，那些配方之所以绝妙，除了配香得当之外，更主要的是，无意之中他们所用的香料，恰好对所烹的食材有除异去腥的作用，让食材化垢脱污，呈现出深含的本味之美。

从现代生物科学的分析中，我们知道，许许多多的食材，它们的腥、膻、臭、涩主要来自所含的各种化合物质，例如含硫化合物、含氮化合物，以及低碳的脂肪酸、脂肪醇、脂肪醛酮等。硫的味道，辛酸刺鼻，我就没有见过喜欢硫酸、硫磺味的人。至于氮的气味，一个臭字还了得。再加上食材之中，它们往往和那些低碳的脂肪类物质混合纠缠，沆瀣一气，为的就是让食者恶心。这些恶心之味，要么是食材自带的，要么是在保存、运输、加工处理的过程中进入或滋生了其他微生物和化学物质反应产生的。因此，烹饪中如何尽量去除食材异味的恶劣，敞开食材最好的主流，从来就是一个好厨师的用心之处。摘拆分割，冲淘揉漂，烧烤刮汆，腌制码味，都是常见的手段。然而，天生万物，相生相克，以物降物，才是烹艺中的自然心法。

我们做菜时常用的香料，就是去异存正、去伪存真的天赐好物。许多香料中含有醇、烯、酚等成分，这些东西可以对食材中的异味物质进行氧化、结合、还原、取代等各种反应，把构成异味的坏分子解构或转化成新的物质，由此减轻甚至消除食材中的腥、膻、臭。这是厨艺中对食材的净身乃至洗脑，是一次食材的再教育。厨师名称中，有一个师字在，教育就是本分。

陆

烹饪中，用香料来赋予食材或特别、或更加丰厚的香味，这是现今为止厨界的通识和主流。料尽其香，物之正用。不过，正向的思维和方法，虽无错，却难得妙。这还是增加，是做加法。加法做多了，做久了，就显得笨，还很累。用香料来为食材除异去腥，一些厨师也有初步的见识和运用，现在我们要把香料的这种作用，提升到与赋香同等重要的地位，甚至在很多时候，作为香料的主用。这是理解和使用香料的一次方向性改变，通过减少、消除、净化，让食材最好的品质更充分地呈现出来。烹艺中的减法，带来转身后的空山新雨。赋香与除异正反阴阳、相辅相成，中国美学的灵性在中国烹饪的香料之用中，融化进了烟火厨房里的寻常技艺。

人类最初使用香料，本来并不为做菜吃饭的俗事。远古时代，人与万物混为一谈，七窍与草木山川相通，人的感应中，万物有灵。天地间，凡蕴散香氛的事物，必与神灵暗通款曲。于是，那时的巫师们但凡祭祀，或需交流神鬼，所用之物中就常有香料。今天，我们在《诗经》和《楚辞》里还可以读到祭祀天地神鬼时常用香木香草的记载和描述。在远古人的认知里，香料的奇香不仅有神性，是通灵之香，更有一种作用是辟邪祛秽，把人自身、把祭物之中、把周遭所有于神不敬的邪异污秽辟开排除，曰之为净。后来，中国道家的炼丹士以香料入丹，也是隐传了上古巫道合一时，用香料净物通神的秘法。直到今天，信众们拜神求佛，众生们设堂扫墓，都要焚香，其中当也有净化之意。所以，以香料清洁、纯净食材，本是古法，只是到了过分求巧求奇的现在，能得三分香，便有十分喜，哪里有心去思量香料于食物还有什么其他大用。

　　香料除臭，大致有两种机制。首先是化学反应的作用，这是为厨者最该重视和用心的。当个厨师还要学点化学，是不是强人所难了？但是，食物就是生化的东西，没有点化学知识在脑瓜子里，要了解食材的特性，真的难以深入。化学的氧化、分解、还原、取代等反应，能够自然地、生态地、深度地对食材进行清洗和净化，从根本上减少和去除异味。例如，白豆蔻含有芳樟醇、柠檬烯，草果里有香叶醇，姜类植物大多包含姜醇、姜烯、有机酸等，这些成分恰好能够使动物性食材中的醛、酮、硫、氨等散发异味的物质形销神灭，让食物的鲜美最大限度地释放。而且香料还能在消除异味的同时，生产一些诸如缩醛、酯类的新物质，丰富食材的芳香滋味。要了解不同动物性食材所含的不同异味物质，了解什么香料才是除异去腥的对症药，这是一门需得下深功夫的学问。舍得在这门学问上先行一步的厨师，烹饪一道，必当天地一新。但愿更多的是川菜厨师，因为味道是川菜的灵魂。

　　香料除臭的另一招数，带点狭路相逢勇者胜的意思，以气压气，以味遮味。你有异味八百，我有香气三千，香料散发出来的香味刺激我们的味觉和嗅觉，把我们对食物味道的感觉集中到香鲜的主调。于是，食物的腥、膻、臭被压制和遮盖了，至少是被淡化和模糊了。这种作用不能完全掩盖食物的异味，但也许，正是这种留有余味的不彻底，为我们保留了各种食材味道的特别，让众口难调的食者，各自情有独钟。肥肠的微臭、鱼的淡腥、牛羊肉的轻膻……老吃家要吃的，还就是这点不压鲜香的一口独味。丁香、肉豆蔻、肉桂、山柰等，对水产类食材避腥最好；孜然、小茴香、紫苏、莳萝子、芫荽子，天生是牛羊肉膻味的克星，我不是给厨师开药方子的烹医，一个腥字，便有土腥、水腥、血腥、油腥、豆腥等极多之分，懂得香料与食材在味道上的相生相克，便打开了装满诀窍和秘技的烹艺大门。

至于香辣中食材的除异去腥，却无需在香料上费太多脑筋。香辣以辣香为本为主，最忌香料乱味，而且辣椒以及香辣中会用到的姜、葱、花椒，皆有极好的除异解腥之效。总而言之，香料在香辣中的正确态就是三个字：少而精。

香辣的虾兵蟹将

壹

香辣起于山野，风靡大江南北，从炒蟹开始，火爆于炒虾。对于刚刚摆脱了贫困的大多数中国人，蟹和虾，无疑都还是有钱人的口福。但是，偏偏有一种螃蟹叫"铁脚蟹"，还有一种虾叫"小龙虾"，这两种过去野生在河沟田间的带壳动物，因其壳硬肉少，泥腥味还重，基本上是"富人不肯食，穷人不解煮"。如果不是20多年前，有一个叫勾哥和一个叫杨义的成都人，生意破落，偶尔在菜市场上买了几斤很不起眼的铁脚蟹，用自家的调料炒来下酒；如果不是吃了以后，觉得意外的巴适，加之其他生意无望决定再赌一把，便以这个炒蟹为招牌菜开了一家馆子，那么无论是铁脚蟹，还是小龙虾，不知还要在食物层级的低端被鄙视多少年。1999年，在成都西北的五丁桥，一家叫"光头香辣蟹"的餐馆开启了川菜的香辣传奇。

香辣，作为川菜辣味系列中的新品，虽然已经有一些菜式出现，但是因为所选食材的小打小闹，这种味道还是犹抱琵琶半遮面。只有在大火滚油的浓烈中，与土里吧唧的铁脚蟹相遇，香辣所蕴含的味道潜力才爆发出来。仔细考量现有的香辣菜式，我们会发现一个有意思的现象，在肉类食材中，那些处于低端的、本味不够鲜美甚至带有一些腥味的食材，特别适合香辣。铁脚蟹、小龙虾都是虾蟹中的草根，田螺在过去，煮熟舂烂后用来喂猪催膘，骚臭的肥肠、草腥的兔……正是这些难以上到席面的贱物，成为了最能承载和呈现香辣大味的绝配。乡土的香辣风味、很土鳖的低档食材被下里巴人结合起来了。套用莽汉主义诗歌的语言，这是打铁匠和大脚农妇轰轰烈烈的爱情。直接、张扬、劲头大。川渝人家常有的干辣椒、豆瓣酱、老姜、花椒和下等食材，用一种近乎粗暴的方式，把川菜的辛香推到了滋味的高潮。

现在，川菜餐厅里也常见香辣牛肉、香辣排骨、香辣鸡丁之类，但是与香辣蟹、香辣小龙虾、香辣田螺、香辣肥肠相比，它们分量小气，滋味腼腆，过分温良恭俭让，不足以过香辣之大瘾。细究香辣菜品的经典，我们会发现，看似随意的调料与食材的搭配，貌似简单的烹饪方法，其实深含了川菜味道构成的精义。

烹炒香辣，火大、油重、调料多，还需要一些汤汁烧收，是川菜味道浓淡层级的头部狂角。全裸的肉身，怎么经得住如此全蚀狂爱的颠鸾倒凤？只有带壳的虾蟹螺类，外壳的裹护使其在烹制过程中，浓郁热烈的香辣滋味既能充分释放出来，又只有部分烹入食材的肉质，给了肉质一些辣香，还足够保留虾蟹肉质的鲜嫩清甜。香辣的入味和隔味，在这里活色生香地诠释了川菜味道美学中，浓墨重彩与轻描淡写的完美互补。炒蟹，螃蟹前期处理后，定要沾一层薄薄的干粉油炸，这层干粉避免了油炸时炸锅溅油，更主要的是为了炒制的时候，让食材表面更能吸味。而小龙虾不能裹粉，所以就需要加汤汁或者啤成都的菜市场，少有铁脚蟹卖，所以，就让小龙虾，代表众家香辣了。当然，它代表得起。小龙虾要吃起来鲜香入肉，烹炒之前的处理就得有点小手段。

酒闷烧收汁，为的不仅是让虾肉熟透，也是要外壳足够有味。这种外浓内淡的滋味层次，极大地满足了川渝吃货们既要吃味大，又要吃肉鲜的饮食欲求。在吃这个事情上，我们就是这么贪，就是这么俗气。

　　所以，吃香辣虾蟹最过瘾的方式，是用手抓起一块或者一只，先眠一嘴外壳上粘着的稠滋味，然后，唇舌充分吮吸，让香鲜香辣在品味中唤醒我们的味觉体验，似乎是要弥补我们口腔期的缺失。最后，再剥开外壳，那沾惹了一点香辣汁的肉，依然鲜甜柔嫩，如果是虾肉，就还有一点Q弹。正是口中余留着浓味的香辣，更能感受到肉质清鲜之美；而肉的清淡，又缓解了辣的刺激。所以，炒香辣虾蟹、铁脚蟹、小龙虾，才是物尽其用，料尽其味。你要把大闸蟹、帝王蟹、大龙虾之类炒成香辣味，是你的权利。但我们就要家常的调料和平贱的食材，一大盆，吃够吃爽，而且吃得起。因为，香辣属于老百姓。

贰

　　我说要写一点香辣虾蟹的炒法，完全属于胆肥。想从我文章中，淘点诀窍或秘方的，可能要失望了。我从未专门学厨，只是在家里做了大半辈子的菜。而且，一个半吊子川菜研学者，要对"香辣小龙虾"这道湖南著名的传统小吃说三道四，更是自不量力。长沙满城炒龙虾，说它是湖南菜，我是服气的。幸好，川菜一向心宽脸厚，天下的好菜，尽直拿来便是。然后让它随乡入俗，加点，减点，变点，合了自己的口味，讨了亲朋的欢喜，至于姓川姓湘，争清楚了，个子要高点？之所以要越庖代厨，写点做法，只是想用一道菜，说说香辣得香的一点雕虫小技。

　　成都的菜市场，少有铁脚蟹卖，所以就让小龙虾代表众家香辣了。当然，它代表得起。小龙虾要吃起来鲜香入肉，烹炒之前的处理就得有点小手段。小龙虾洗刷干净，去掉虾线后，沥干水分即可。很多人要加白酒、姜葱、盐腌制，减少腥味，但是盐分进入虾肉，会使肉质出水紧缩，烹炒时容易老柴。所以，为了去腥增香，有两法可用。一是处理好的鲜活小龙虾先放到五成热的菜籽油中浸炸1分钟左右，颜色出红立即捞起，沥干油汁，然后加细盐爆炒30秒。油炸后的小龙虾，虾肉表面初步凝结，盐味靠大火的热力，穿透虾壳，给了虾肉一些底味，却又不会使虾肉失水变柴，同时，还除去了腥味。另外一种方法我更喜欢，就是用香料水汆虾。老姜、大葱、醪糟酒，香料只用白芷、香叶和草果，烧开后，熬制10分钟，趁滚水大沸，把小龙虾倒入，汆烫2分钟，马上捞起沥干。加香料，主要是为了除腥，白芷最适合水产肉类去除泥腥、草腥和肉腥味。而滚汤汆水，本在水中，虾肉不会失水，便保了鲜嫩。香料的些许香味，也不会掩盖整个香辣的辣香。油炸的方法，固然出香，但接着还会大油烹炒，多少有些腻味。

　　我一直强调，香辣要突出辣香。所以，香辣小龙虾纯粹而浓郁的辣香，定要在底料炒制时，充分炒出辣椒之香。辣椒要够，1斤小龙虾，至少80克左右的辣椒。40克二荆条，40克朝天椒，都要先去籽后剪成1厘米长的节，用温水浸泡10分钟，使它略微湿软，才能在滚油中经得住较长时间的翻炒。而只有炒的时间足够，辣意辣香才能充分释放出来，却又不至于炒煳。香辣不是煳辣，二者虽然犹如同胞，但香辣不需要那点焦糖的煳香，不要那沉脸的霸气，香辣要英俊帅气一些。炒底料的菜籽油，绝对不能油熟后就下调料，要想油纯而香透，需得让油多熬炼一些时候。这是能否尽油之香，又充分激发出辣椒之香的要点。油熬得现出清亮，然后，降低油温到六成热，放入老姜片、大葱节、大蒜、沥干水分的干辣椒节，炒干水汽后，放入花椒，因为不是麻辣，所以花椒5克即可。此时，可再加入剁细的30克郫县豆瓣酱，改小火慢炒。加豆瓣酱，这是味的增效。豆瓣酱的酱辣香，可以增加整个辣香的醇厚丰满，同时还能让油色更加红亮。炒到辣椒将煳未煳、明红干脆的时候，沥出三分之一红油，留待后用。

　　然后，调回大火，倒进小龙虾，炒干水汽时，喷入白酒，加少许细盐，以及100克甘蔗汁，以清甜润辣、降燥、和味。再加入细香料粉20克（桂皮、白豆蔻、八角、小茴香、白芷、高良姜、香茅草打成粉末），这点香料粉，与辣香融合，形成整体香辣中香的隐味。炒匀之后，加啤酒500克，大火烧开，焖煮8分钟左右。接着揭盖，继续大火收汁。至汤汁浓稠，淋入留用的红油，

川菜的味道美学

加50克蒜蓉、50克事先剁碎的刀口辣椒，猛火快炒。热气中，辣味散开，大香弥漫，一只只小龙虾浸裹着汤汁，闪亮耀红。装盆后，撒上青白相间的香葱花，这就是我的香辣小龙虾。当然，只炒1斤远远不够。

香料水汆，底料油分用，少量细香料粉为辣香助威，最后加入的刀口辣椒，保留着辣椒真纯的本香。没有老抽、生抽、蚝油、香油，因为，浓烈而醇郁的辣香，不需要擦脂抹粉。

卷
五
香
辣
篇

171

川菜的味道美学·辣椒真味

卷六

酱辣篇

从酱辣说酱

　　饮食之中，说起一个"酱"字，那是历史长、学问大。明末的大吃货张岱在《夜航船》中说：成汤做肉酱。那么，中国人至少酱了3000多年了。古往今来，天下名"酱"者之多，没有三千，也有八百。读了几本涉及酱料的书，我感觉脑袋里，原来似乎还说得清楚的那点东西，被复杂得不再是酱，而是糨糊了。

　　在我们老祖宗那儿，"酱者，百味之将帅，帅百味而行"，领有"调鼎鼐，率百味"的大将之衔。成书于北宋的《清异录》，堪称中古杂书之首，其中记述烹饪、饮食甚丰。"酱，八珍主人也"，便是此书之论。所谓八珍，泛指天下美食，而酱为其主，可见在古人心目中，酱有多么重要。怪不得更老的祖宗——圣人孔夫子要在他的"八不食"中，斩钉截铁地表示："不得其酱，不食。"当然，孔圣人说这句话，不仅仅是显示自己口腹之嗜的精细，更要紧的是强调饮食的礼制。《周礼·天官·膳夫》中记载："凡王之馈，食用六谷，膳用六牲，饮用六清……酱用百有二十瓮。"天子吃东西，酱就得有120坛。因为不同的食物，必须搭配不同的酱料。表面看起来，是美食的追求，其实，这是关乎江山社稷、纲常维系的礼法，丝毫乱来不得。那一堆名字古奥的酱料，我这个汉语言文学专业毕业的学生，许多字，看到认不得，认得读不来。用各种肉加酒调出来的系列酱料，早已被漫长的历史化繁为简了。不过，看到其中赫然名有卵酱、蚁酱、芥酱之类，想起现在列为世界美食的鱼子酱、日本人吃生鱼片的芥末酱，忍不住要为"古已有之"四字偷笑。多年以来，这四个字经常让我的同胞们引以自豪。

不过，时至今天，我们可能在酱上，有点自豪不起来了。因为现在世界上最洋盘和拉风的，是法酱。读了一些法餐的书，记得一句话，法酱是法国菜的灵魂。几乎每一位法餐名厨，都是调配酱汁的大师。若以名气和影响力而论，西班牙、意大利、日本、墨西哥等一串国家的酱料，都位列中国之前。连我们的邻居越南，也有很多风味独特的酱品，比我们的更受青睐。有一本日本人编著的《世界经典酱料·酱汁》，收录了几百种酱料和酱汁，他们认为其堪称世界美食殿堂的经典。其中，名以中国的，只有甜面酱、南乳酱、四川豆瓣酱寥寥三种。我历史极其悠久的泱泱酱之大国，居然被如此忽略和挤兑，国厨之酱颜何在也？

静心细思，还真犯不着为此把犟脾气拿出来。当今世界美食的主流是，竭力追求食物本有的原味，烹制过程中尽量保留食物的本鲜本香。根据食物和菜品的特性，用不同的酱料、酱汁，烘托、渲染、提升食物的美味，于是，酱道大行。反思中国上古之时，因烹制工具和手段有限，大多食物只能白煮成熟，为补味弱味淡的不足，便以各种酱料、酱汁赋味增鲜。古人因历史局限的无奈之举，却暗合了当今的美食理念。也许，不能说这是我们的老祖宗"古已有之"的饮食智慧，但是，历史中的许多轮回与巧合，真是够我们这些凡夫俗子玩味。

不管老外们怎么玩酱，有一点始终中西各异。他们的酱料酱汁，大多是做菜前现调新制；而中国的酱，却偏重发酵给酱料

卷
六
酱
辣
篇

带来的变化。二者没有高下优劣之分，体现的是不同文化影响的烹饪方式与饮食美学。强调和善于让食物与自然、与时间交汇融变，更欣赏味道的温厚浓郁，中国的味道，蕴含的真是中国人的心性。历史的趣味，还在于"昔日王谢堂前燕，飞入寻常百姓家"。老百姓每天开门七件事，柴米油盐酱醋茶，曾经只有官家才有资格享用的大酱，早已成了民食的家备。酱，终于融会贯通到中国饮食的全部，说无酱不成菜有些夸张，但中国酱料品类之丰富，以酱入菜的菜品之多，可以说，不善酱者，难以为厨。

我要叙述的酱辣，首先，它是酱，是辣椒进入中国、进入川菜后，产生的独特的辣之滋味。纵观川菜，以酱辣为主味的菜品，也许不多，但酱之辣味，辣之酱味，却是川菜味绝天下的密钥之一。

从荤到素的中国酱

　　如果说，大航海时代开启的全球殖民化，赋予西方列强的是一种在空间中扩张的形象，那么，绵延不绝的悠久历史，让东方的我们更像时光中的民族。西方的很多食物，是地理大发现的收获，而中国的食物，更多的是时间积淀的结果。漫长而稳定的农业文明，使我们从文人到庄稼老汉，关注最多、感受最深的是时间的流转，是万物在时间中的变化。于是，主要通过发酵而成的中国酱，不仅具有了温柔敦厚、蕴藉含蓄的文化性格，同时，还深藏了时光的味道。一缸百年的老卤、一坛十年的窖酒、一罐三年的豆酱……现在，我们身处急速更新的时代，瞬息万变，满目碎片，也许，我们食物中的一罐老酱，还给我们保留了一点古老的耐心和沉静。

　　当然，酱就只是酱，担当不起文化的卫道。做酱，一是为了保存食物，特别是发酵了的酱食，封存得当，能吃很久；二是给食物增味，鲜材配老酱，每一份正得其酱的菜肴，都在讲述中国饮食的古往今来。本来，吃食着酱，是王公贵族的专属，主要是肉酱。能经常吃肉，已经很享福了，他们尚嫌滋味不足，还要配之以肉酱，才够鲜浓。其奢豪如此，所以，古人把他们叫作肉食者。虽然，志高品清的贤哲不屑地说，肉食者鄙，但酱的确好吃啊！就像流氓喜欢吃回锅肉，不等于回锅肉也流氓了。不因人废言，何况物乎？于是，平民百姓也要吃酱了，特别是在基本吃饱饭以后，吃点好的，天经地义——"上苍保佑吃饱饭的人民"。但是，老百姓毕竟只是老百姓，吃饱饭后，有点肉吃，已是阿弥陀佛了，岂敢肉酱乎！不得已，用谷物、豆子等植物类材料发酵成酱，于是豆酱、面酱之类应运而生。

西汉文景之治时期，《急就篇》里就有"芜荑盐豉醯酢酱"的记载。其中，"酱，以豆合面而为之也"。到了东汉时期，《四民月令》更清楚记载了"正月可作诸酱，上旬炒豆，中旬煮之……"在那时，天下酱中，以蜀地所产的"枸酱"极富盛名。而枸酱，味辛香。辛者，辣也。由此可佐证川人的确早有好辣的这一口。《华阳国志》说蜀人"尚滋味""好辛香"，古之人，诚不欺我也。如今风行天下的辣酱，祖先应该就是2000年前四川的枸酱了。而枸酱用的是蒟叶和蒟实，并非豆谷，那么，后来的四川人把不是豆谷的辣椒做成酱，也是上承古法，顺理成章了。

未曾想到的是，食物链中这些低端的东西，做出的酱，居然更加美味。植物类食材中，特别是豆类，含有更为丰富的糖分，以及更容易转化成鲜香物质的氨基酸组成模式。老百姓的贱物，反而成就了中国酱料的至味。我不知道，这是上天的狡计，还是历史的智慧？我所感受的是，美食的民间力量。任何一个为厨者，无论有多少大师的光环笼罩于头顶，也当永远植根于此。原本，百姓做酱是退而求其次的上行下效，但民酱真香，美食面前，高傲的头颅和高贵的身段，必须一低再低，渐渐地，王公贵族们也顾不上身份与脸面，纷纷与民同酱。多年以来，在成都的街边巷尾，每次我看到那些开着大奔的富贵人士，与蹬粑耳朵（过去）、骑电瓶车（现在）的打工仔同在苍蝇馆子里大吃嗨喝，就总会情不自禁地想起肉酱、豆面酱尊卑易位的历史。

　　发酵酱料的味道是一种渐变、沉淀、积累的味道，它强调味的厚、浓，含蓄而收敛。即使散发香味，也蕴藉弥漫，从容沉静。我一直把丝绸、瓷器、酱，自认为"最中国"的古物。丝绸的柔滑美丽、瓷器的内坚外润、酱的蓄积沉香，似乎都隐喻着古人推崇的君子之风。当辣椒进入中国以后，这种味道刺激、气味张扬、燥烈而刚猛的东西，可能曾经让许多谦谦君子尝之变色。它威胁了两千多年中庸的口味，它挑战着我们饮食的温厚与文雅。所以，它从沿海一路而来，近两百年中，只能屈身为闲人的观赏。它要深入到中国内陆的穷山恶水之中，要落魄到下层百姓的民间江湖，才能重新正身而现，进入豆酱、面酱、辣酱中国三大主酱之中。

当辣椒成了酱

壹

自古喜辣的四川人，要等待很多很多年才能知道，这个世界上有一种植物的果实，比他们吃过的所有含辣食材都辣得更纯正、直接、彻底。而且，它品种众多，辣度各异；它的香气浓醇，色泽诱人，它就是辣椒。在没有辣椒的漫长岁月里，好辛香的四川人只能靠一堆奇奇怪怪的辛辣，满足嗜辣的口腹之欲。如茱萸、芥末、大蒜、姜……这些辣物，或辣中带苦，或辣偏于冲，或辣近乎燥，或者干脆就只有一点辣意思，所以吃它，哄哄口舌而已。"蜀中无大将，廖化作先锋"，两千多年，川人只能在这些辣的亲戚老表中，聊以自慰。

在秘鲁的安第斯山脉，在墨西哥，早在公元前7000年，不再茹毛饮血的远古土人就开始种植和利用辣椒了。这是上天对他们的眷顾，如果说，他们曾经辉煌而神秘的古代文明，被埋没和消失在时间深处，那么，他们世世代代酷爱的辣椒，最终传播到了欧洲、亚洲和非洲，成为了"世界的调味品"，被荣选为"改变近代文明的六种植物"之一（日·酒井伸雄），这是否隐喻着历史的补偿机制？

最早的辣椒并不是用来食用的，而是用于宗教仪式。中国的花椒也是这样，上古之时，花椒作为香物，只有巫师可在祭祀上用。也许，神秘主义者会以此为证，言称被神许的天物，恩赐于人，必经人手，显示神的光荣。所以，辣椒传遍世界；所以，花椒几经沉浮，终成川菜的精灵。我心近先儒，信守夫子之道："不语怪力乱神"。但是，万物和历史中，那些迄今还难以科学解释的巧合，不仅让我好奇，还会让我禁不住暗自猜测。我想，辣椒和花椒，这两种天各一方的自然之物，本不是如粮食为人类生存必需，而且它们给人带来的生理初感并不欢悦，却能绵延数千年，被不少人所重所好，这是否和它们与人类相遇的初期，就被作为祭祀之物有关？它们最初是人神之间的一种媒介，是一种文化符号，进入原始文化心理结构，并积淀到深层，成为祖先的记忆。这种看似隐微的记忆，总是会在历史的不经意中，影响和改变我们的生活。

　　辣椒和花椒是否上达了神祇，我不知道。但它们从被食用的那一天开始，就一直触动着我们的神经，这已是共识。川菜以这两种古老的、在祖先心中与神灵有关的、并非人的味觉感受的植物果实，编写成一个庞大菜系的核心密码，并成就了天下独具风格的味道谱系。于我而言，依然犹如最初接触到它们的祖先那样，始终感到迷惑和神奇。

　　辣椒的种子，主要依靠鸟儿传播。有意思的是，喜欢吃辣椒的鸟类，却几乎毫无辣感。液体中辣椒素达到2%，人喝一点，辣莽汉也会惨叫，甚至可能被辣死。鸟儿喝了，却若无其事。可惜太平洋太宽了，几千年中，没有一只吃了辣椒的鸟儿飞到中国。四川人一直吃着表达含混的辣物，许是天见犹怜，终于在300多年前，万里之外的辣椒，几经转折，来到了巴山蜀水。已经日渐暮气的古中国，错过了开启近代文明的大航海时代，却没有错过大航海带给世界的辣椒。并且，这根小小的辣椒，激活了一种古老风味全部的辛香基因，与花椒相见恨晚，饮食之恋的浓情蜜意，创生出最开放、最有活力的现代川菜。这也许又是历史的另一种补偿，历史那一只看不见的手，可能一直在背后，悄无声息地烹调着我们的饮食。

如果关于郫县豆瓣酱的历史追述，只是文献的缺失无法确证，民间传说的辣子豆瓣，真是福建人陈逸仙一族在迁徙四川的漫漫途中偶然得之，那么，辣椒在中国的处食，一开始，就被酱化了。一介草民无心的发现，无论后来变得多么重要，文不屈尊，史笔难载。但咸丰年间，郫县陈家的"益丰和号"酱园铺开缸售酱，距今也有170年了。从现在能够找到的文献记载来看，催化、促进了整个川菜核心味道风格的辣椒，最早就是从做成辣酱开始的。也许正是因为做成了酱，减弱了滋味锋芒的外国辣椒，才能被外柔内刚的川人接受。酱，我们喜欢并熟悉。

贰

巴蜀古地，虽然已经有2000多年好辛香的饮食传习，尽管汉唐以来，川食兴隆，一时间，天下"扬一益二"，但竟无一个辣味菜肴留名于今。饮食的主流，始终是咸鲜、咸甜和甜麻。喜辣，似乎一直是川渝人味道中的千年偷欢，难以在饮食谱系中名正言顺。究其原因，我猜想，可能是所食的辣物，或辣味不正，或香味不纯，以辣为名，却无辣之风骨，实在担不起成名菜、定经典、在中华料理登堂入室的大任。例如，作为川味古辣重要来

被忽略甚至被遮蔽，但是，生活无声的积累，民间潜藏的力量，无论处于多么低微的饮食层级，因久远而广大，最终将改变历史。我本市井陋巷之人，也曾经在山里做了近两年的知青，所以我对民间的、家常的饮食，始终身心相许相亲。

源的食茱萸，川人叫作艾子，虽然北魏时期的《齐民要术》就记有："用时，去中黑子。肉酱、鱼鲊，偏宜所用"，《本草纲目》中也有川人用它做辣米油调味食物的记载，但是味道辛辣的食茱萸，辣且辣也，却有苦味。为了吃一点心心念念的辣，就必须忍受涩口之苦，想来，祖先们味道的日子，还是不太好过的。而我们把不太好过的日子和生活，叫作辛苦，是否就是从食茱萸的辛而苦得来的呢？

好辣的巴蜀，无正辣定味，如何与盐之咸、糖之甜、醋之酸平分味道的江山？花椒的独麻，又如何撑得起一出风味大戏的台面？在某种意义上，2000多年川人的食辣史，虽有一些古文献中断断续续的只言片语让我们窥探，但更大的可能是，辣，只是下层百姓味道中的苦中作乐。野生的茱萸和贫贱的草民，以一种因卑微而隐秘、因低贱而坚韧的方式，存活于漫长的饮食岁月之中。草芥之人、之物、之味，不足见大人先生们的经传。我是一个写诗的人，思绪总是要从正襟危坐的学术严谨中逃跑出来，让我亲近而感动的往往是百姓的一日三餐。从汉时的蒟酱到明代所记的米辣油，布衣草鞋的父老乡亲们，近取简烹，用自己和家人熟悉而喜欢的方法，少钱省火，易存易食。几千年中，食辣之习，虽为肉食者不屑，却始终以一种原生的状态，保留着巴蜀饮食的风味之根。直到现在，四川大山里的一些人家，如叙永山民，还会把野生茱萸或者辣根放进泡菜坛里，取辣出香，保养盐水。

被忽略甚至被遮蔽，但是，生活无声的积累，民间潜藏的力量，无论处于多么低微的饮食层级，因久远而广大，最终将改变历史。我本市井陌巷之人，也曾经在山里做了近两年的知青，所以我对民间的、家常的饮食，始终身心相许相亲。我奶奶、父亲和我一些因生活而亲近的长辈们，都会在一年中的不同时节里，顺应当令的出产和当时的天气，按自己和家人的需要与喜好，做很多可以久存长吃的食物。

泡菜是一年四季都有的，那是家食的百宝坛；酱腊肉和香肠，当然是年食的大欢喜；草木灰浮的皮蛋，盐水泡的咸鸭蛋，也是过节或者待客才舍得上桌的好菜；酱豆豉、干豆豉、水豆豉，要本地那种扁圆的黄豆，豉香才浓；需要保温出霉的豆腐乳却偏偏要在寒冷的冬天做，充分乳化的豆腐，吃起来才细腻软化；莲花白做盐菜，大青菜除了泡来做酸菜，也要腌渍了，做成盐青菜；干豇豆、萝卜干、大头菜、腌儿菜，当然最稀罕的是干苔菜，米汤煮来，一碗清鲜足令百汤不敢称尊；糖醋泡的新蒜、藠头；糯米酿的醪糟；红薯粉做的粉条现在到处都有，但是红苕软皮，加蒜苗，炒成回锅肉的味道，在无肉却馋肉的时候，吃了睡得香些。

至于辣椒制品，就更要自己做了。泡辣椒下饭、调味双绝；自家晒的干辣椒炒炝辣、煳辣，做辣椒面，炼熟油辣子，才是自家的滋味；青椒酱、红椒酱、鲊海椒，下饭做菜做蘸水；那一罐，或者一坛，或者一缸辣椒豆瓣酱，发酵香熟了，街坊邻里，

卷
六
酱
辣
篇

喜欢拿脸和热闹的，还要舀出一小碗，互相品尝比味。

我对所有深入民间饮食的厨师和川菜研究者心怀敬意。我写酱辣，写到此处，还没有具体说到正题。因为于我而言，只有在历史背景与民间底色这两个向度上，才能表达这种几乎没有代表菜品支撑的酱辣对于川菜辣味谱系的意义。令我写字如履薄冰的是，回看历史，多是茫然；再入民间，几家还有手作？也许，这也正是我强写酱辣的因由吧。

叁

这些年来，川菜饮食行当中，有一个话题很热门，说起它的人，大多显得忧心忡忡，就是传统断层的问题。但是，媒体也罢，专家也罢，说得最多的主要是一些经典老菜的失传，或者一些传统技艺的后继无人。然而，川菜赖以生长和发展的民间饮食，正在悄无声息地消失。每每念及于此，我更感惶恐与茫然。那千百年来，千山万水中，千家万户因地、因家、因人而异的家菜家料，已经从大多数人家的饮食生活中隐退。这是川菜面临的抽根断水，是比一些技艺、一些经典失传更大的危机。对此，我们却少有关心。或许是因为，即使关心，也无能为力。

"问渠那得清如许，为有源头活水来。"（宋·朱熹）现代川菜能够在100多年中蔚然大观，除了融汇天下的历史机遇和几代大师们的继往开来，还有一个最深层和丰厚的资源保证，那就是广大的民间饮食。无论是麻婆豆腐、回锅肉、夫妻肺片、水煮牛肉、豆瓣鱼……这一系列经典，还是20多年前重新激荡出川菜活力的江湖菜，都是民间力量的厚积薄发。现在，过去似乎取之不尽的滋养，已经在无可奈何地日渐枯竭。时代给予了川菜无限的可能，同时，又消解了川菜自然的民间之根。这就是历史的辩证法，或者说，是天道无情的公平。以后可能真的再也没有成都金沙桥赵婆婆的泡菜水调肉馅，没有乐山西坝张大娘的井水豆腐，没有眉州王大爷的鲜椒胡豆瓣……想来更加可怕的是，没有了无数的家厨，也就没有了那无数风味各异的家味、那层出不穷的想当然烹饪、那些心血来潮的改变、那些偶然的创新……这广袤而悠久的日积月累，才是川菜深植其根并枝繁叶茂的大地。失去这片大地，今天的川菜犹如已经长大成人的孩子，离开了故乡与家，只有独立前行。不久的将来，川菜的厨师们再也难以从民间饮食中，寻求更多的灵感之源。川菜的创新，更多的只有靠厨师们自己的才华、勇敢和勤奋。在民间原生态饮食日益濒危的现在，已是川厨们深入民间、汲取营养的最后一次机会。

　　留不住的，应当记住。我们曾经拥有的民间饮食，是山川自然、是祖祖辈辈、是父老乡亲留给川菜的最大财富。在它们消亡弥留的最后时光，把民间原生饮食的精神和精髓，尽其所能地留存在川菜的今天与未来之中，这不仅是对古老家园的怀念和感恩，也为我们前行之中需要的迷途知返留下了可能。我写酱辣，絮絮叨叨了这么多题外话，根本的原因在于极大影响了川菜味道形态和格局的酱与酱辣，孕育生养它们的，正是山野乡间的黎民百姓。

　　清初开始的"湖广填四川"终于给自古以来"尚辛香"的川人，带来了辣的正主真神——辣椒。最先吃辣椒的，是贵州土苗，因黔缺盐，便以辣代盐，开胃下饭。我想，一定是土苗中的草民，才会有这种不得已的吃法。官员和贵族们，自有雪花银买雪花盐，无需以辣诳其口舌。辣椒到了四川，很多年间，也只有平民百姓才吃得心安理得。对于古中国的肉食者和君子们，这种外夷邪物，食不正也！好像吃了，就乱了饮食的纲常，辱了他们的雅致和斯文。辣椒，是上天赐予穷人的饮食快乐，当年带领穷人闹革命的毛泽东说："不吃辣椒不革命。"它在骨子里"很民间"，"最江湖"。

　　无论是传说还是史载，作为古代川菜和近现代川菜分水岭的标志，郫县豆瓣酱也是草民而为。谁也难以预料，正是一介草民的偶然所创，改变了川菜的面貌和历史。从这里开始，我要讲述的故事，将要还给酱辣本身，还给一个伟大的民间经典——郫县豆瓣酱。

肆

　　很多事情、很多人搅和在一起，拎不清，道不明，是非不分，优劣难辨，像沤在一个缸子里，混杂、沉积、发酵甚至变质，柏杨先生将其痛斥为中国的酱缸文化。真理的明澈、创造的光芒、个性的独立，在这坛缸子里，被污黑、被压抑、被遮蔽。酱缸文化害人害中国，我们要砸碎。中国饮食的酱缸，却是好东西，我们要保留。

　　辣椒来到中国之后，辣踪遍地，辣身百变。即使在不喜辣味的浙江，也有食辣之记。道光年间的浙江人汪日桢在《湖雅》中记载："辣酱，按油熬辣茄为辣油，和入面酱为之，或加脂麻油曰麻辣酱。"成书于清中期，以介绍扬州菜为主，却有中国古代烹饪艺术集成巨著之誉的《调鼎集》，居然也有辣酱的记录："西北能整食，或研末入酱油、甜酱内食用。"但上述二酱，只是辣加酱，它们是否启发或影响了四川的辣椒豆瓣酱，我不得而知。我感兴趣的是，辣椒在那么多地方得宠，不管鲜椒还是干椒，但基本上依然是原椒的不同食用，为什么只有到了四川，才产生出深度发酵的辣酱？而且，正是这种被切节、被盐渍，并与菌变的胡豆瓣共同乳化的辣椒豆瓣酱，形成了川菜辣味谱系中最富特色复合风味。

我相信，任何一个地方，人们之所以特别喜欢某种食物、某些味道，或者改变食物原来的样子和味道，都与那个地方的历史、地理环境和生活方式息息相关。食物的脸谱后，永远有一颗文化的心。

川人自古喜辣，辣椒来到四川，是烈火干柴的相遇，从此，他乡变故乡，犹如落根四川的天下人。而且，四川多盐，川人无需以辣代盐，好的就是辣椒的纯辣真香。这是渡海而来的辣椒，能在巴蜀开枝散叶的深厚大地。川人食辣，善于辣变，从东汉的蒟酱到元明所记的辣米油，这是辣椒在四川酵变为酱的历史沿袭。而四川盆地沃野千里，风软雨润，气候温和。古老的都江堰，让流转在成都平原上的大小江河，水旱从人。两千多年以来，除了战乱和暴政，人民不知饥馑，日子过得巴适。加之从秦至清，多次移民四川，使生活在天府之国的大多数人，都来自五湖四海，谁也不是老根老大。开放、接纳，多元而融合，心性平顺，茶酒相济中，写意出一方水土的生活美学。自然和历史长期滋养而成的身心倾向，暗合了儒家的温柔敦厚与道家的静逸闲散。于是，在满心欢喜辣椒的同时，终归要继古法、顺心意、好滋味，降燥减烈，川人的性格不喜欢毛焦火辣。我以为，这才是发酵后的辣椒豆瓣酱生于四川并最终成为辣酱主流、成为川菜辣味之魂的人文内因。

因此，好的川味辣酱，首先，要保留足够但又适度的辣劲和辣意，这才不负川人自古好辣的口舌；其次，要酵变出浓郁醇厚的酱香，蒟酱与豆酱的千年传统，早已标立出中国酱料的高格。两者合而为一，沉淀里有滋生，张扬中有内敛，外柔而内刚，骨子里硬气与热烈，内化成味道的浓醇绵长。这是中国饮食的内家功夫，是深得饮食天心、足以傲世而立的川菜大酱。中国白酒，火以水形，四川辣酱，辣以酱相。一饮一食，川酒川酱，终成阴阳流变之妙的证道经典。

所以，于我而言，以郫县豆瓣酱为代表的四川辣椒豆瓣酱，不仅是川菜辣味之魂，也是川菜文化之魂。有了历史漫长积淀的准备，有了辣椒辗转入川的机遇，有了中国人善酱的传统，有了川人做人好味的厚道，注定要改变川菜千年面貌的辣椒豆瓣酱，它的横空出世，在历史的千呼万唤中，还需要等待一个偶然的机会。

伍

很多东西，都有一个故事，如果没有，后人就会想方设法编一个。如果这个故事无从考证，我们就把它叫作传说。现在，编故事和传说已经是一些人的专业，据说属于文创的一部分。幸好，酱辣中的经典——郫县豆瓣酱，本来就有一个传了很久的传说。

相传清康熙年间，福建汀州府孝感乡翠享村，有一个叫陈逸仙的人，率领族人迁徙四川。从闽到蜀，山高水远，路途迢迢。途中连遇阴雨，所带的胡豆淋雨后，因无法晾晒而生霉菌，其味

卷六　酱辣篇

难食。农人惜物，更何况豆子比粮食还金贵，怎么舍得丢弃？于是，用切碎的辣椒和盐拌在一起，想用辣味和盐味压住霉胡豆的恶心。可是，福建人不善吃辣，每顿只能勉强吃一点下饭。谁知吃到后来，居然越来越好吃，臭的变香了，辣的变醇了，还有了鲜味和回甜。最后，到了四川郫县定居下来，吃上瘾了的陈氏便依法再做。未曾想，在郫县这个地方做出来，更加香浓味厚，并得到亲邻们的喜欢。这就是郫县豆瓣酱的雏形，那时它叫辣子豆瓣。传说中，那时是1688年。

传说不是历史，我们不必纠缠其中的疑惑。我深感兴趣的是，这个传说给近现代川菜的创生，提供了许多具有饮食发生学意义的原始信息。

第一，起于清初、延续150年的人口大迁徙。明清之际，因为长达几十年的大战乱，富庶繁华的天府之国十室九空，成都几乎变成了一座荒城，千里沃野的成都平原"万户萧瑟鬼唱歌"。从顺治年间民众自发入川到《康熙三十三年招民填川诏》颁发之后，全国十几个行省的百姓，纷纷举家来到四川。康熙二十四年人口统计，全川不足9万人。而150年中，迁入四川的就有100多万，另有一说，是280万之多。这场大移民，史称"湖广填四川"。可以说，川无川人，也可以说，川皆川人。四川人是天下人，四川人做天下菜。今天，川菜以多元丰富、融合开放为菜系格局，味型、菜式之齐之多，冠绝天下，其根本，就是这场大移民塑造的结果。而首创出郫县豆瓣酱的陈逸仙及后人，就是当年百万移民中的一家。如信传说，深刻影响了川菜风味系统的郫县豆瓣酱的早期原型，还是在迁徙途中偶然产生的。我个人认为，无论怎么高估这场大移民对川菜的意义，都不为过。实际上，从秦汉至清中期，前后有八次向四川的人口大迁徙，加上抗战时作为大后方，南北之民再次涌入巴蜀，川菜一直在融合、在被外来的力量改变和塑造。现在爱说"举国之力"这个词，我觉得，现代川菜就是历史自为的"举国之力"创造出的伟大菜系。四川独特的地理气候及物产，与漫长而浩大的移民历史，是构造现代川菜图景的两大基因。遗憾的是，其中的编码逻辑和经纬交织，直到现在，关注并深入它们的目光，寥若晨星。

第二，这个传说隐含了辣椒传入四川的路线图。今天来看，辣椒入川应该有两条路线，一是从东南亚到云南、贵州，然后进入四川；另一条就是从沿海的江浙、福建、两广，分两路进入巴蜀。后者一路经两湖入夔门，从水路而来。一路上陕南、翻秦岭，最终落根四川盆地。福建人陈逸仙一家是中国最早与辣椒相遇的人之一，并不嗜辣的福建人，为什么举家迁往遥远的四川，还要带上辣椒，我不得而知。但是，福建是辣椒进入中国的先入之地，闽菜善用的调料中，除了红醋、虾油、沙茶，也有辣椒酱，这至少说明，一部分福建人偶尔还是要吃辣椒的。也许，陈氏一家，就属于那一部分。

第三，郫县豆瓣酱来历的传说中，最让我每饭不忘的，不仅仅是川辣原型来自天下的饮水思源，更重要的是，川菜辣酱的民间之根。陈逸仙一家，为了一小块土地，背井离乡；舍不得发霉的胡豆，被迫拌辣椒强食；即使难以下咽，也一路长留不弃，如此看来，当属草芥之民。但正是贫穷带来的对食物的渴望与珍惜，让他们在长期的、频繁的、低级的日常饮食中，发现或发明了一种又一种做法和吃法。其中一些，后来被叫作美食。我固执地认为，第一个吃螃蟹的人，一定是一个饥饿的穷人。而且，今天许多美味的食物，第一个吃的，或者第一个那样做的，也一定是为了食物终日辛劳的平民。这个世界上的许多美食，真

卷
六

酱
辣
篇

说起来，背后大多是无奈甚至辛酸的故事。特别是川菜，它的根基是千家万户的家食家菜，而这千家万户，正是来自天下的下层百姓。

民间性与平民化，让川菜饱含着烟火的滋味和人世的温暖，这是川菜极为珍贵的文化性格。我始终认为，川菜今天能走遍天下，正是这种性格感染着、亲和着四面八方的人们。郫县豆瓣酱与生俱来的民间品质，才是"川菜之魂"的精神内核；或者说正是因为具有这样的精神内核，"川菜之魂"的盛誉，才不是过分夸张的虚名。现在，川菜的民间基础正在日益消失，川菜的民间气质也正在被弱化、被稀释。无数大厨或者大师们，心怀中，还有多少饭糗茹草的饮食艰辛？没了，或者不懂这份艰辛，失去为亲人、为父老乡亲做饭做菜的初心，今天荣耀盖世的川菜，将向何处去？

我想告诉更多的川菜厨师，用郫县豆瓣酱的时候，不仅要懂得其独特的酱辣酱香，更应该懂得其中蕴含的民间情怀，那是我们迷路时，还能回家，还能重新出发的根。

第四，当传说中的300多年前，农民老汉陈逸仙被迫往霉化的胡豆中加入辣椒和盐时，我想，无论是历史还是他本人，都不可能意识到，那一缸起初看起来、闻起来、吃起来，一点都不美好的东西，居然是一个伟大传奇的开始。检点古往今来那本厚厚的发现和发明名录，我们在为逻辑的力量折服的时候，更经常为突如其来的奇迹惊叹。许许多多影响了，甚至改变了生活的重要事件和事物，常常给我们的感觉是，历史的误打误撞或者不期而遇。遥遥迁徙途中的辣子豆瓣，似乎就是一次偶然。苏轼诗云："泥上偶然留指爪，鸿飞那复计东西。"我经常在深究偶然诞生的历史准备之时，迷醉于偶然本身的魅力。我们无法制造偶然，我想告诉更多更多的川菜厨师，用郫县豆瓣酱的时候，不仅要懂得其独特的酱辣酱香，更应该懂得其中蕴含的民间情怀，那是我们迷路时，还能回家，还能重新出发的根。

但是我们可以从这些令人着谜的偶然中，得到启示：尊重规律，承续传统固然非常重要，但打开未知之门，让历史豁然开朗的神奇之手，是想象力，是在不断试错中温故知新。只有丰富和大胆的想象力，最接近产生改变与创造的偶然。郫县豆瓣酱雏形的偶然发明，是否在历史的幽微中，给渴望创新的今日川菜，一直低语着意味深长的提醒？

第五，这个传说中最关键的词语，是发酵。虽然，陈氏的发酵是无奈的无意之举，但正是这个不得已，让自然和时间的力量，进入了平常的食物。于是，偶然之物与中国伟大的食物历史连接起来了，悄悄改变着胡豆与辣椒形质，也在悄悄改变着一个古老菜系的命运。我反复说，食物发酵的工艺与文化，是中华饮食文化的镇国重器。今天很多川厨，在食材的高端化和菜式呈现的手法上，煞费苦心，但有多少重视并深研食物发酵一艺？

令我略感欣慰的是，叫我一声师父的川厨兰明路，他这些年来，关心泡菜，专注酱汁酱料，希望从发酵的传统中，为他自我构架的"世界食材，四川味道，国际表达，个人风格"，寻找到传承与创新的灵魂基调。此路寂寞而艰辛，我将苏轼词两句送与明路："莫听穿林打叶声，何妨吟啸且徐行。"还有川菜中生代

卷
六
酱
辣
篇

烹饪大师徐孝洪两兄弟，近年来深研食物发酵的工艺，并有"酵宴"名列成都10大名宴，渴望以"酵变"之艺，为川菜带来具有创造意义的贡献。此事任重而道远，也借苏轼两句诗送与徐氏兄弟："欲把西湖比西子，淡妆浓抹总相宜。"愿他们在食物发酵的长短薄厚中，得心应手总相宜。

酱辣经典的天地人和

　　那个传说中的陈氏一族，风餐露宿几千里，最终在成都平原的西部，停下了跋山涉水的脚步，定居下来。从此，他们长居此地，繁衍子孙，人称陈家笆子门。陈氏落居于此，是官定还是自选已经不得而知，但是传说路途中偶然发明的辣子豆瓣，却无意中得到了天下无二的风水宝地。我想，300多年前的陈氏，不至于为了做一个调味料，专门选择这里，而且我也不太相信冥冥之中自有天定的玄学。于我而言，这又是一次偶然；于我而言，历史充满偶然性，所以，历史还有些意思。

　　他们定居下来的地方，现在叫成都市郫都区。过去，叫郫县，更早的时候，就叫郫。这是古蜀人男耕女织的古国之地，纪念古蜀王杜宇的望丛寺，一直在讲述"望帝春心托杜鹃"的故事：杜宇死后，化成杜鹃鸟，每到春天，就临空飞叫，"布谷、布谷"，提醒他的人民，要趁春好，赶快撒谷育秧了。叫到啼血，血染花红，便是杜鹃花。于是，自古以来，郫县又叫鹃城。这个故事表明，这里很早就是古中国农耕文明的家园，豆瓣酱作为农人之物，最终落户此地，算是尽缘。但更大的缘分却是这里的一方水土，天地的福泽等待和照顾的，始终是有心有缘的人。

成都平原，千里沃野，古称天府之国。陈氏一家做辣子豆瓣酱的郫县，位于成都平原西部，再往西不足百里，便是苍莽巍峨的川西高原。在这里，成都平原低空的暖湿气流被倚天而起的高原阻挡，形成回流。在这里，川西高原上空的冷气流，向平原呈弧流型沉降，并与回流的暖湿空气交汇，在一块不大的区域流动循环，形成独特的气候环境。它的光照、温度、湿度，它的四季干湿变化与昼夜温差，特别适合豆瓣酱发酵过程中，微生物菌种群落的生长、分裂和纯化。在这里，浩荡岷江冲出大山，初变平缓。急而不湍，冷而不寒。清洁水源构成众多的河流，并沉积过滤，形成丰富的地下水资源。这里的水质优良，硬度适中，矿物质含量丰富。这样的水，对豆瓣酱发酵过程中，各种微生物菌群的生长，特别是酶类的分泌，犹如亲妈的乳汁。在这里，江河冲积而成的潮土，肥沃疏松，其中的油沙田，有机质含量很高，豆瓣酱特需的原材料——优质的辣椒和蚕豆，在这里硕果累累。

细察天地间的事物，每一方独有、绝佳的风物，都得益于那一方独特的水土滋养。如果说，自然的生物得天独厚，特产一地，那是物竞天择的优选。而当人作之物，选择到了最合适的地方，这就是人的福运与智慧。陈氏族人迁徙途中偶然发明的辣子豆瓣，如果最终不是落根于郫县，没有这里天造地设的温、光、湿环境，没有这里特有的水土，还会在后来的时光中开枝散叶，成为一方美食的尤物，并深刻地影响近现代川菜的创生与发展吗？历史没有如果，过去的事件也不能重新假设。陈氏一家来到了这里，定居在这里，中国酱辣的经典，到达了它的光荣之地。

人与物，人与自然，人与一个菜系的命运，如此不经意

卷
六
酱
辣
篇

又如此完美地结合在一起，天地人与历史，用一缸褐红色的辣酱，揭示了伟大事物诞生的秘密。如果我们能够不断解读这个秘密，并获得启示，也许我们就有机会与伟大再次相遇。我想，郫县豆瓣酱的意义，不仅仅是给川菜的味道谱系提供了一种具有核心价值的风味，更重要的是，它默而不语却又始终讲述的——食物中，人与自然如何相知相待？我不知现在，几人在听？几人能听见？

被酱香遮蔽的酱辣

酱辣是酱香大家族的一员，这毫无问题。郫县豆瓣在宣传自己的时候，也总是强调它是酱香经典，突出它的酱香风味特色。似乎为了证明和显示自己在国酱中的地位，前两年，还专门整了一架主题飞机，首航直飞贵州茅台。茅台酒是酱香正宗，是酱酒老大，这样说，至少到现在，还没有谁敢七拱八翘发杂音。川菜中的豆瓣酱，也老拿酱香说事，这当然没错，但把豆瓣酱独具天下的风味止于酱香，我总觉得，这是四川，特别是郫县豆瓣酱在味道美学上的浅尝辄止，求同忘异。

都是男人，武松和武大郎还是兄弟，但在千千万万潘金莲的眼中，他们是多么不同啊！即使都是男儿好汉，黑张飞和红关公，也各有各的霸气。很多年来，以郫县豆瓣为代表的四川豆瓣酱，少为川渝之外的烹者吃家了解和认同，我想，多多少少与停于酱香、限于酱香、混同于众家酱香有些关系。你是谁啊？自己都没有把自己说清楚，叫我们怎么认你？你说你是酱香，甚至是酱香中的下下有名。那面酱、豆酱、麻酱，谁不是酱香？谁又不是下下有名？

茅台酒怎么看豆瓣酱自说"川黔两大酱香品牌"，我不知道，国人凡是做菜的，都离不开的面酱、豆酱、麻酱，怎么想豆瓣酱的酱香得意，也不重要，反正面酱、豆酱、麻酱，又说不来话。尴尬的是，酱香这个大家族，好像也忘了本家中，还有豆瓣酱这么一号。尽管豆瓣酱起劲地喊：我是酱香！我是酱香！酱香家族率众而出的时候，却从不带它一起玩。酱香味，作为中国菜味道谱系中极为重要的味型，无论哪一个菜系，翻遍菜谱，调味的核心都是面酱、豆酱、麻酱，从古自今，就没有豆瓣酱的事。那川菜呢？郫县豆瓣可是"川菜之魂"啊！可气可恨的是，川菜的酱香味，居然也不用豆瓣酱，一丢丢都不用。（回锅肉除外，我把回锅肉定位为家常酱香味。）你说你是酱香正主，你说你最有魅力的风味就是酱香，但全天下做酱香味的时候，没有一个人，没有一个菜用你。我最爱的郫县豆瓣酱，我心许为中国三大主酱之一的辣酱，你当如何？

　　酱辣是酱香之一，郫县豆瓣酱是辣酱之一，而且是当之无愧的辣酱经典。但豆瓣酱在酱香情结上自说自话，天下酱香却不言酱辣。这样的憋屈和尴尬，深究其因，归根结底是自怀其璧而不知，是"不识庐山真面目，只缘身在此山中"，是我们自己没有深刻研究和深度结构辣椒豆瓣酱与川菜整个辣味谱系的逻辑关系。辣酱，虽然它与其他酱料的共性是酱香，但酱香绝不是它独具的魅力所在，甚至不是它的主要风味。它对川菜的意义，不是在众多酱香调料中，为川菜又提供了锦上添花的一种。我之所以坚持认为，300多年前现世的雏形辣子豆瓣，150多年前完整成型的郫县豆瓣，初步奠定了川菜辣味风格的基础和调性，为近现代川菜味道格局的形成起到了完成核心风味编码设计的巨大作用，就是它为以"重用辣香、善用辣变"独步中国的川菜，确定了最具文化内涵的辣味路线。它让辣椒，让辣，"很中国"，"最四川"。

辣酱，是辣之酱；辣字在前，然后是酱；以酱为身，以辣为心；是辣椒这种外来的食材，在中国味道哲学中的同化与酱变。讲辣酱，不讲辣；不深入和突出辣在酱化后，在酱香的背景风味中，产生的独特的辣味辣香；不深研这样的酱之辣味辣香，如何构成和决定川菜一系列辣品经典菜肴的风味层次；却大讲特讲辣酱的酱香，这是我们川菜人的灯下黑。

卷
六
酱
辣
篇

辣椒酱化的川菜意义

壹

郫县豆瓣作为中国辣酱的经典，做了卖了、用了说了100多年，却始终在自己的脑袋上，贴着大大的"酱香"标签。无论是郫县豆瓣各大品牌的自我宣传，还是其他专家学者的研究，都大讲特讲其酱香风味。虽然不能说这是舍本逐末的误读，但从根本上忽略了一个重点：这是辣椒的酱化，它与辣椒在川菜中被腌泡发酵后使用，共同完成了辣椒进入中国后的辣变转身。正是这种变化，为2000多年"好辛香"的巴蜀饮食确定了辣味谱系的基调，并由此催化了一系列经典菜品的出现，形成了近现代川菜区别于其他菜系的、具有味道美学意义的独特风格。

讲郫县豆瓣，止于酱香，只讲酱香，不仅仅严重遮蔽了郫县豆瓣最独特、最重要的酱辣风味，让厨者经常忽略这种酱化之辣在烹饪中的变化与作用，更让人遗憾的是，尽管川菜用辣椒已过百年，而且以辣之善用著称于世，但是，由于对酱辣的视而不见或者避而不谈，就始终讲不清川菜之辣，为什么会是这样的风格；更难以真正明白，郫县豆瓣为代表的川味辣酱的出现，对千年默传的民间嗜辣喜好最终成为川菜味道王者的巨大意义。

辣椒传入中国，崇山峻岭围蔽的四川，应该是后至之地。一路走来，在许多地方，都深刻地影响和改变了当地的饮食风貌。中华饮食几千年，很少有一种食材，以己为界，把这么广袤的山河，划分成不同的地区。只有辣椒，这个带有侵略性和征服霸气的外来者，虽然只是小小一根，却从此天下三分：不辣的，微辣的，重辣的。有一个问题，我经常陷于苦想。中国喜欢吃辣椒、可以吃辣椒的地方那么多，而且很多地方比四川吃得早，吃得多，更吃得狠。"不吃辣椒不革命"，"不吃辣椒非男人"，"不吃辣椒不吃饭，不吃饭也要吃辣椒"，只是听听这些话，我这个从小吃辣的四川人，就肝胆冒汗。那么，为什么是川菜以辣终成一系？为什么是川辣红遍中国？

也许是因为川人自古好辣，辣椒入川，如鱼得水。但是，难道贵州、湖南、湖北、江西这些今日之辣区，过去都不吃辣吗？也许，以川菜为豪的人会说，是因为川菜善用辣椒，尽辣之变，尽辣之妙，天下无出其右。但是，湘黔之辣，同样多型多变，手段与花样之丰富，不让巴蜀半分。苦思之惑，直到近年重新研学川菜，才觉得隐约窥见了解惑的门径。细数今日中国辣风盛行之地，巴蜀以外，辣椒还是辣椒。虽然，他们也极尽烹饪变化之能事，以各自的风格演绎出众辣的精彩。其中一些辣味的料理，几近巅峰，可称一绝。如湘之香辣、鲜辣，黔之酸辣、油辣、煳辣，川厨见之，当抱拳致礼。但是，他们基本上还是辣椒的直用，即使有它味的融入或者手法的调配，辣椒之变，始终只是物理学意义上的改变，归根结底，用的依然是辣椒的本味本辣。唯有到了四川，酱化成了辣酱，乳酸化成了泡椒，酯化和轻度发酵后成了红油，川菜等待千年的、万里辗转而来的辣椒，才终于基因重组，破而再立，产生了化学意义上的内变，初步完成了外来辣椒的中国化过程。

以郫县豆瓣为代表的四川辣酱、四川泡椒、川式红油，三大辣品的成型和在川菜中的广泛使用，标志着辣椒入华近300年后，最终与中国古老而深微的自然哲学和食物发酵文化深度融合蜕变，在巴蜀大地上创生出卓然一派的中国辣。但是，为什么辣椒到了四川，会发生这样的身骨内变？辣酱之辣，又是怎样让千秋川菜王者归来？

贰

说食物具有阶级性，可能会让美食家们的口舌变得紧张。但是，说它具有某种文化属性，应该不会引起我们味蕾的颤抖和肠胃的痉挛。原产于墨西哥的辣椒，它浓艳的色彩、张扬的气息、热辣的味感，与墨西哥温暖的天气和热烈外向的民族性格，完全是天地绝配。他们大吃特吃普遍吃的辣椒，虽然品类众多，吃法多样，但民族身心中的热情决定了他们痴迷的是，辣椒的本辣本香。烹饪中，不管与什么食材搭配，都是辣椒的直用。著名的墨西哥莎莎酱，是新鲜的圣纳罗辣椒统领众香；有墨西哥国菜之誉的莫莱，那是风干或烟熏后的安丘辣椒，赋予了风味的灵魂。纵观国外饮食，料理中用到辣椒，几乎都是直接使用。在辣椒这个问题上，他们比四川人甚至比重庆人耿直。

辣椒进入中国后，在大多数食辣的地区，主要方法还是用辣椒本身的味道。所以，无论它与当地的饮食习惯结合起来，产生了多少风味特色和变化，依然是世界辣椒原味食用版图的延伸，"很当地"，但不够中国化。辣椒的中国化，是在川渝的山河大苏东坡是四川人，还是大美食家，写了很多吃的做的诗文。1056年离开家乡的时候，他也是个小伙子了，按道理，一个四川县份上的人，该是吃着辛辣长大的，而且童年、少年时的口味，一生很难改变。

地上完成的。它是川渝人民智慧的创造，是中国文化对外来食物文化属性的包容、融合和同化。发酵程度不同的辣椒豆瓣酱、泡椒、红油，就是中国辣独立于世的三大经典。从此，天下食辣花开两朵，一朵是中国川菜辣，一朵是世界其他辣。

辣椒最终在川渝，特别是在成都平原这方水土中，脱胎换骨成独具中国味道和文化内蕴的东方辣品，似乎是偶然，是饮食江湖的传奇，但在我的理解中，其蕴含的却是更为深刻的历史原因、文化内驱的力量和时代变革的造化。

川人尚辣，可以文献追溯的，就已经有2000多年的历史。然而，如此长久又如此广泛的口味习惯，却一直没有孕育出被主流文化认同和接受的饮食风味系统，甚至难见于文字。我不知道这种现象在世界饮食史上是否很另类，我知道的是，三香五辛之中，有辣味的姜蒜虽是广用，但也主要用其特有的香味，少有取姜蒜之辣的用法。真正担当起出辣之任的食茱萸，好像也只有小老百姓们经常吃着。一句话，在古代四川，虽然喜欢吃辣的人民漫山遍野，而且一代又一代吃得欢欢喜喜，但是当官的、有文化的、讲面子的，那是坚决不吃。即使在四川这个需要辛辣来祛邪除湿的地方，他们忍着身体之苦的煎熬，也如伯夷、叔齐不食周粟一样，咬着牙，拒辣于餐桌和饭碗之外。汉代的扬雄、左思，都写了洋洋洒洒的《蜀都赋》，其中，显摆了很多很多叫人垂涎的食材，但没有一个字提到辛辣之物；苏东坡是四川人，还是大美食家，写了很多吃的做的诗文。1056年离开家乡的时候，他也是个小伙子了，按道理，一个四川县份上的人，该是吃着辛辣长大的，而且童年、少年时的口味，一生很难改变。但是，把他老人家写吃食的文字翻过来翻过去地找，就是找不到有一个谈辛说辣的。他那么欢喜的一个人，不会憋着屈着自己的性情，他没写，就有可能他不吃辣，尽管他是地道的川人，但他们家是知识分子，全家都是。而知识分子是不吃辣的，吃辣的，无境界，没档次。直到据说是影响了近现代川菜产生的《醒园录》，那时候辣椒已经传入中国，而且已经到了四川，写的老子，编的儿子，都是土生土长的四川罗江县人，但全书里依然无一字说到辛辣。

无数代四川人的"尚辛香"，就这样被忽略、被遮蔽了2000多年……

叁

在四川，被广大人民群众吃了2000多年的辣味，为什么官老爷们、文大爷们一代又一代，坚决不吃？文无所载，史缄其言。我妄自猜测的原因是，辣非正味，不合君子本道。中国文人信守的是温柔敦厚的中庸之道，含蓄、内敛、平衡、温润；即使是道家，也是冲淡虚无，清静无为。这种深入骨髓的观念，落到饮食上，味道便有了正邪之辩，有了贵贱之分。辣味，过分刺激、张扬、刚猛，谦谦君子们如何敢乱了口舌的章法和礼数？更怕辣味的炽烈坏了来之不易的那点温良恭俭让。于是，甜咸为主，酸苦次之，辣味，是断断不敢吃的。即使它很香、它吃着很爽，但我们忍着，一忍就是两千年，你服不服？敬不敬佩？

这是一种被主流文化压抑了漫长历史的大味。虽然，美食在民间，但饮食文化的话语权，却始终在孔子、老子的徒子徒孙手上。被他们忽略的、蔑视的，就只能苟且于草野，偷生于底层。我想，可能这就是四川广大而漫长的民间辣味，一直没有能够登上中国饮食主流文化的历史舞台，形成古代川菜辣味风味系统的隐秘之一吧？

从中国各个食辣地区的辣味菜式次第出现的原生形态来看，辣椒进入中国后，也是老百姓首先吃。特别是在有着悠久食辣传统的四川，最先记载辣椒食用的文献，几乎都是地方县志之类。一人吃了好吃，很快就百人千人万人皆吃。不得不承认，在整个辛辣食材中，辣椒的确比我们祖先吃了上百代人的茱萸，好吃岂止百倍。它不仅没有了茱萸的涩味，而且更香，辣得更丰厚饱满；所含的糖分，让辣中隐含鲜甜；辣椒其中的辣椒碱，还能激活我们的味觉感觉细胞，让味蕾更敏感，能增加对食物美味的感受力；加之品种繁多，辣度各异，充分满足了不同人群和不同菜式对辣味的需求。因此，辣椒迅速取代了本土的茱萸，成为川人的主辣，并且很快地进入到民间各种菜式之中，初生出了后来构成近现代川菜辣味谱系的基础菜品。

但是，如果川人食辣止步于此，那么，中国的食辣版图上，不过多了一个类似湖南或者贵州的地方而已。历史，注定了要把世界辣椒的中国革命，交给四川，交给被衣冠楚楚者们鄙视和压迫了2000多年的四川人民。这是命运对千年以来于辣不弃的回

报，是饮食的上天，对味道忠诚的奖励。深度发酵后的辣椒酱，作为辣椒完成中国化变身的经典，某种意义上，只会成就在清代中晚期到民国初期的四川。

以郫县豆瓣酱为代表的川味辣椒酱，酵曲变化的甜豆瓣、初步腌制发酵后的辣椒胚，在"温、光、水""翻、晒、露"等极为复杂的手作工艺流程中，洗心革面，脱胎换骨。辣度适度降低，辣燥辣烈减少，辣椒中的糖分和各种营养成分，在不同程度的发酵过程中，各种微生物菌群共同促变，产生出丰富的风味物质。当一缸豆瓣酱熟化之后，辣味仍在，但不孤独。因为浓郁的酱脂香深浸于辣味，大量鲜香物质赋予了辣味醇厚绵长的味道品格。这是中国川菜独特的酱香辣，外柔内刚，蕴藉沉厚，不燥不糙，不弱不散，兼有中国酱的文韬武略。

这样酱化之后的辣，不仅以极高的美味度，动摇了自诩儒雅者们滋味的清高，更以与正统文化暗合的味和之道，让君子们不再视辣为味之妖邪和陋贱。正是民间的原发性创造，生机勃勃地蔓延进了主流的味道殿堂，一部以中国川菜辣为风味核心的近现代川菜史，在100多年前，终于开始了自己的浓墨重彩。

肆

民间千年食辣的传统，成都平原温润的气候和闲适的生活，以及这种气候和生活滋养出来的心境，让这里的大多数人，对所有刺激的、刚猛的东西，会有一种徐徐相待的态度和方式。所以，辣椒一路袭来，到了四川，这里风软人和，性情散淡，任它气势张扬，锋芒外露，也需得有几分收敛与改变，才能和这里的人民打成一片。除了这一方山水的天定，还有更为重要的历史原因，就是"湖广填四川"之后，来自天下的新四川人，其中大多原来是不吃辣的。即使水土使然，不再视辣如猛虎，但像贵州、湖南人那样辣椒直吃，不是口舌的首选，更不是主选。因此，辣变就成了辣椒在四川命运的必然，也成了百年川菜辣型风味体系独创格局的灵魂。

郫县豆瓣酱可查可信的历史是，咸丰年间，陈逸仙的后人陈守信，号益谦，用自己号中的一个"益"字，又取大清年号中的一个"丰"字，再选了一个顺天、应地、通人的"和"字，在郫县西街开办了"益丰和号"酱园铺。除了盐菜、豆豉、麸醋等家常调辅料外，还有一种叫作盐海椒的新品。最初，盐海椒是用来佐餐下饭的，现在许多川人家里，还会自己做或者买一罐家常豆瓣——也叫剁椒豆瓣，下饭、做蘸水皆好。后来，因为盐腌久一点的辣椒，会翻泡出水变得浠淞，口感与味道都不太讨人喜欢。为了吸水，陈氏匠人加了豌豆进去，豌豆虽能吸收一些浠化的水分，却也管不长久。也许，仅仅是觉得胡豆要大颗一些，更能吸水，于是便小豌豆换成大胡豆，最简单而朴素的想法，产生出饮食的奇迹。由此可见，原来那个陈氏家人迁徙四川途中，因胡豆发霉，加入辣椒，偶然发明了辣子豆瓣的故事，果真只是一个杜撰出来的传说。不过，我喜欢那个传说，它有神秘性。再后来，为了促进胡豆瓣的发酵，又加了精面粉与胡豆瓣拌合，待胡豆瓣充分酵化出香后，再与盐渍过的辣椒节混合，入缸进一步发酵成熟。从此，主要用来下饭的盐海椒，变成了主要用来在做菜时调味的豆瓣酱。千年以辣入味的川菜，经过了漫长的蒙昧和压抑，终于等到了云开月明，拥有了自己独步天下的辣之大味。

我是一个写诗的人，尊重理论的严谨，但更爱事物中隐含的奇妙。我在郫县豆瓣酱中，感受到了人世烟火的温暖、民间饮食的气息以及偶然性的魅力，还有生活的艰辛与历史的奇诡……当胡豆、面粉、辣椒三者合一的那一天，我生也晚，无幸在时在场，目睹和感受那一个于我而言的、可能也是于中国酱料而言的伟大时刻。因为这一天，不仅即将改变古老川菜风味格局、重塑近现代川菜辣味形象的核心辣酱问世天下，同时也是中国酱料三大经典——豆酱、面酱、辣酱的不约而遇，是豆、面、辣椒在酱中的三身合一。

　　我不知道中国三大酱料经典化身一体，仅仅是饮食史上的一个巧合，还是冥冥之中，历史那双看不见的手，早已安排好了从荤到素、三酱融合的饮食命理。大道无言，我只是对事物这样的神奇深怀敬畏，不敢也无力窥见其中的幽微。我所知道的是全世界，只有这一种酱料，融汇了中国三大酱料的基因。它把豆类发酵后的鲜甜与丰厚的酱香，把面粉发酵后馥郁的浓香，和辣椒发酵后独特的甜辣感与醇辣味深度相融，以香托辣，以厚柔辣，以绵徐辣。我一家之言，不足定论。但在我的心中，只有这样酱辣，才能相许川菜一缕味魂。

伍

　　自从郫县豆瓣被冠以"川菜之魂"的名头后，有很多川菜业内的人士一直不认、不服，甚至不屑。其中有一种似乎无法反驳的说法是，大多数川菜菜品根本不用郫县豆瓣，难道这么多菜里，就没有川菜的魂？对于这种一根筋式的机械主义责问，我的态度是不与争论。川菜所用的所有食材和调辅料中，没有一种能我不知道，中国三大酱料经典化身一体，仅仅是饮食史上的一个巧合，还是冥冥之中，历史那双看不见的手，早已安排好了从荤到素、三酱融合的饮食命理。

像郫县豆瓣这样，蕴涵和承载了如此丰富的川菜历史与川菜文化；没有一种能像郫县豆瓣这样，深刻而巨大地影响了川菜辣味谱系的风格形成。郫县豆瓣在辣椒酵变酱化后，产生出与中国文化和中国智慧内在相通的独特辣型，蕴藉醇正，饱满丰厚，大香含蓄，大味沉稳，融辣之张扬于内敛，含辣之味变于深微。正是这样的味道，不仅消解了传统主流文化的君子们对辣的恐惧与抵触，让千年辣味终于在味道的大雅之堂正位现身，而且赋予了整个近现代川菜追求味道的丰富多变、融和平衡的精神美学。可以说，川菜中无论辣的还是不辣的菜式，在调味的原则上，都内含着郫县豆瓣所包容的味道哲学。郫县豆瓣不仅是一种广泛用于川菜辣味菜品的重要调料，不仅产生了一系列成就川菜地位和影响力的菜式经典，更重要的是，它表达和彰显的是一种普适于整个川菜的精神格局。从这个意义上，我们完全可以说，郫县豆瓣是"川菜之魂"当之无愧的代表和像征。

因此，郫县豆瓣味道的核心，是辣变，把一种原本与中国君子之道相悖的辣，酵变酱化成国之正味。刺激刚猛的原辣，进入中国人深悟并顺应的时间与自然中，水土滋养，日月相融，大量鲜香物质构成的浓郁的酱脂香，使蜕变新生的酱辣，可以调众材,可以和百味。以这种酱辣为特色风味的川菜经典,之所以众口交赞,让天下来之川菜再回到天下,正是这样的酱辣,辣而不燥、不烈、不涩,醇厚绵长,回甜重香,应和了中国人口舌的愉悦与身心的欢喜。这是川菜味,也是中国味。

忽略了郫县豆瓣与川菜味道风格的精神联系,忽略了郫县豆瓣酱脂香辣的味道特性,就难以理解为什么郫县豆瓣临世之后,千年有辣味而无辣品菜式的川菜,会在短短几十年中,迅速产生并成型那么多辣味经典;更无法理解和诠释近现代川菜为什么是以辣味谱系为核心魅力并终成菜系。当然,辣型菜肴被主流的味道审美逐渐接受,除了辣椒在川菜中完成了中国化这个内在动因外,还有一个时代变革的重大推力,这就是1911年的辛亥革命。这场革命的千秋功过,历史自有评述,但对于辣风渐起的川菜,无疑是风水流转的天赐良机。那些以辣为贱、以辣为耻的进士举人们、王公贵族们,被迫要平视甚至仰视一群又一群过去不屑一视的平民。因为,不少的平民知识分子甚至穷人,在革命中建功立业,当官了,有权有势乃至有钱了,进入了社会的主流。他们的话,有人听了;他们喜欢的口味,也没人至少是很少有人敢说粗陋了。而平民一直是喜欢吃辣的,特别是辣椒来了,而且,辣椒成酱了,做出菜来如此合口顺心。就这样,在辣椒取代了味涩的茱萸并酵变成中国酱辣之后,登上历史舞台的平民精英们,又把它强势带入了饮食的主流。

民国四年,四川军政府要犒军西藏,其中的重要犒军物质,就是向当时郫县两大酱园铺专订的四万斤郫县豆瓣。因驻藏官兵吃得军心鼓舞,军政府还特此传令嘉奖,并赠以奖牌。由此可见,酱化了的中国川菜辣,已经官民皆喜。

川人千年食辣,辣椒万里而来,独领风骚的川味辣酱历尽曲折，终成王者。这是味道美学的回肠荡气，这是饮食儿女的英雄史诗。每一个靠川菜为生、以川菜为业的川菜人，如何才能无愧于自己所属的伟大历史，此念每及于己，我都常惶恐和汗颜。我只是一个微不足道的研学者，川菜，有那么多人顿顿做，有那么多人天天吃，我尽力做好自己的事情吧。何忧之有？

豆瓣的味道

壹

　　豆瓣、泡椒、红油，川菜三大辣品，除了红油熬炼出来就是作调料的，其他两位，最先都是下饭的小凉菜。红辣椒上市的时候，做一缸辣椒酱，泡一坛泡椒，那是要吃对年的。什么原因，什么时候，川人用来作了调料，文献无考。对川菜而言，这两种辣品，从佐餐的吃食，到做菜的调辅料，是一次伟大的转变。如果始终只是吃饭时，舀一碟或拈几根，开胃下饭，那它们就仅仅是两个好吃的小味。是做调料了，做了很多菜式得香取辣的风味基础，才开了川菜辣味谱系的天地。从此，经典辈出，群星灿烂，川菜由此从巴蜀群山中的一个地方饮食，崛起独立于世界美食之林。这样重要的历史改变，文史上一片空白，也许对于一心要治国平天下的文人来说，豆瓣和泡椒，是作吃食还是作调料，这是事吗？

　　现在，泡辣椒还是作吃食和调料两用。新泡不久的，下饭最巴适；泡久了，特别是泡艺不佳的，泡椒发软，吃起来口舌就不够欢喜，大多只好用来做菜调味了。当然，也有一些人家和馆子，直接吃的，做菜用的，分坛专泡。这就是讲究了，这种讲究，留待专门叙述泡辣椒的时候，再慢慢说。虽然，四川的两大豆瓣酱品牌，到现在还咬牙坚持说，自己的豆瓣，下饭做菜，都是真香。但对吃的人和做菜的人，郫县豆瓣就是做调料的，资阳临江寺豆瓣，主要还是稀饭干饭的伴侣。于我而言，郫县豆瓣入菜，才是大材的栋梁之用。我曾经说，做得鱼香，可以菜天下。那么，善用豆瓣，可以妙百菜。

　　无论是郫县豆瓣，还是临江寺豆瓣，都说自己是酱香经典。如果厨师听之信之，那不足为川厨。豆瓣有酱脂香味，这毫无疑问。但此酱香非彼酱香，它是与辣深度融合出来的特别滋味，是各种鲜香物质复合而成的酱辣。不明白和重视这一点，不仅不能理解郫县豆瓣对辣椒改变的革命性意义，也造成了许多厨师使用豆瓣时，单重其香，忽略了豆瓣的特殊之辣在川菜辣味菜品中的构成作用。而且，至今几乎所有的郫县豆瓣，都没有从酱辣的定味上，研究开放不同辣度的产品，几乎都是一种辣椒做所有豆瓣。由此导致的结果是，所有用豆瓣的川菜，也只好一酱通吃。基本不需要辣味的回锅肉，和重辣的水煮牛肉，用的豆瓣，都是那一罐。厨师们只能在量上增减，或者在豆瓣发酵的时间长短上选择，不够辣度怎么办？加干辣椒吧，于是，辣椒面、辣椒节、刀口辣椒，甚至红油纷纷出手，以补辣之不足。豆瓣加辣椒直用，并没有错，而且，配比得好，也别有风味。关键是，豆瓣的酱香辣就难以突出。川菜有许多在调辅料中加了豆瓣的经典，却几乎没有以豆瓣的酱脂香辣为主味的名品。豆瓣鱼马虎算一个，但是也需要与泡椒合用，并以葱姜蒜和酸甜口和味。豆瓣鱼的酱辣香也并不浓郁，更接近的是大鱼香味。反而是民间有一种从红油抄手改变而来的豆瓣抄手，开始真正名副其实地有了豆瓣酱辣之香。首创者主用豆瓣酱炼制豆瓣红油，让豆瓣饱含的酱脂香与酱辣充分表现，成为抄手调味酱汁的主体。可惜的是，我们做豆瓣的大企业和用豆瓣的大厨们，好像始终没有从中得到一点启示。大多原创在民间，但民间却经常被遮蔽。

不同辣度、辣变、辣香的豆瓣酱，对应不同的菜式；以酱香辣为主味的菜品创新，这两点，我认为，是郫县豆瓣在为川菜的发展做出了巨大贡献之后，再次为当代川菜而探索的可能。

贰

我相信科学，同时，我也一直对事物的玄妙颇感兴趣。在中国古文化的眼中，食物也是有五行生克和阴阳之变的。豆瓣、泡椒、红油，川菜辣味谱系的三大辣品，它们的阴阳关系，就是这种事物哲学的完美诠释。红油是辣椒在火与热油中的产物，它是纯阳；泡椒却不能沾一点火气与油荤，只能在阴凉处、盐水中低温发酵，它是纯阴；而豆瓣酱，虽然无需火油，却得在阳光下翻晒，得夜凉昼热地交替，于是，它阴阳调和，中厚平衡。三大辣品的一阴一阳一平衡，缺一则不足以构成川菜之辣的文化自洽。

另一个现象也很有趣：豆瓣发酵的过程中，在成熟之前，需要每天揭盖，不断地翻搅，让豆瓣酱发酵时产生的闷气散发，避免原料"翻泡"，并让新鲜的空气充分进入，催化、促进菌群生长；但是，泡椒却必须与空气隔绝，以水密封的方式，保证厌氧的菌群熟化辣椒。一敞开，一封闭，似乎也暗合着中国饮食的阴阳相应。

也许，有人会说，你扯这么多辣椒的玄龙门阵，与味道何关？对做菜何益？说来说去，不过是酸腐文人故作深奥而已。于

卷
六
酱
辣
篇

我而言，的确不能炒一盘文化给诸君下酒，也无法用饮食蕴涵的哲学，去指导厨师的蒸炒烧炖。我叨叨食物中这些看不见、摸不着、吃不出的空玄，一是觉得有趣，有趣就可以开胃长酒量；二是中国文化讲无能生有，虚可纳实。文化这个东西，常常是因其无用而有大用。一个民族或者一个地方的饮食系统，只有实现了与自身文化的逻辑关联，完成了对文化密码的遗传和表达，才有可能成为一个自足的、成熟的菜系。我们看到很多地方风味，之所以不足为一个完整的菜系，不是因为菜品数量少，也不是因为风味没有特色，其根本原因就是没有打通与深层文化结构的联系，无法承载文化之心。第三个原因是，了解一点食物的阴阳之变，有时候还真能对做菜的道理知其所以。例如，泡椒和豆瓣都因为味性偏阴或过于收敛，入菜之前定要以热油慢炒，激发出深含之香。特别是豆瓣酱，因为深度发酵，其鲜其香，都收敛至深至厚，必须以油之滚热，才能把酱脂辣香充分激发出来。之所以炒之前还要将豆瓣剁细，就是为了能够尽出其味。

　　豆瓣的风味形成，有一个东西至关重要，那就是糖的作用。我在说煳辣的时候，讲过辣椒中所含的糖分，是产生煳辣香味的关键。糖分在高温，特别是在热油中，辣椒素溶于油，而油的热度，又让辣椒中的糖分适度焦化，散发出焦糖香。豆瓣酱发酵，没有高温热油，辣椒中的糖分主要通过转化成乳酸来形成各种鲜香物质。但是，正因为这种低温慢发酵，自然的温热不足以让辣椒之糖充分转化，所以我们经常会觉得，豆瓣的鲜香不够，风味不浓。更多的翻晒，更长时间的发酵，的确可以让糖分的转化更彻底，产生更多菌群的种类和数量，让风味物质更加丰富。不过，还有一种方法，可以使辣椒发酵酱化的时间缩短，而酱辣的风味浓烈饱满。这就是加糖发酵。2001年第六期的《食品与机械》杂志中，有一篇两位科研学者写的《辣椒自然乳酸发酵中的变化……》，文中用发酵的科学原理和实验数据证明，每30克红辣椒加入3克蔗糖，发酵过程中乳酸菌因糖而助，优势生长，既更好地抑制了有害菌类的活动，又丰富了乳酸风味。同时，丰富的乳酸、醋酸等有机酸与发酵中产生的醇、醛、酮相互作用，融合滋生出多种风味物质。

所以，好的豆瓣，味道深处是鲜甜。发酵之初，放进去的蚕豆叫甜瓣子。发酵成熟，慢慢咀嚼品尝豆瓣，也一定要有回甜感。甜味，是人的味道初恋，鲜，是人的味道之梦。在咸甜基础上滋生的甜辣，饱含酱脂鲜香，顺应了古老川菜主味的大势，眷顾着人们味觉的初爱。这才使川菜历史中革命性的豆瓣坐殿，辣味掌印，不是一次味道江山的弑主篡位，更没有失控成一场破坏性的菜系暴动。

叁

很久以前，我在给一家餐厅写的缺工少韵的小赋中，有这么一段："口福十分，五分是天地赐福，三分是前人遗福，二分当是自家造福。"这个意思，用在豆瓣酱上，便是言之有物了。豆瓣酱中蕴含的自然与祖辈的恩泽，用者还有几人心怀感激，我不得而知，也无心多言，但这二分自家的造福，却是要说道几句。因为，好东西给你了，用不出好来，那就真是暴殄了天地人的恩物。

要说眼下的为厨者许多还不太会用豆瓣，定有人觉得我夸大其词。不过，我经常吃到馆子里用了豆瓣做的菜，怎么也看不着、闻不到、吃不出郫县豆瓣特有的酱脂香辣来。遇到可以说上几句话的餐馆，我总是要叫厨师来问上一问。套用王五四的句子，厨师们最喜欢回答我的是"这届豆瓣不行"。于是，爱较真的我，便要进厨房看一看。按规矩，餐厅的厨房，外人是不能随便进的，更忌讳别家厨师进去。厨房里，暗着多少不可与外人道的卯窍和别门。可谁让他们要叫我一声石老师，况且，我还不是厨师。我大大方方走进厨房一看，心里常常咕哝的却是"这届厨师不行"。其实，大多馆子，豆瓣酱的牌子还是不错的，品级也够了。虽然现在工业化生产的豆瓣，的确少了些传统手工豆瓣的纯正润厚，但也不至于做出菜来那么味怪味薄。

大多馆子，豆瓣就一种，也就是说，做所有菜，需要豆瓣酱的，都是它了，百菜一酱。我想，现今难得品到川菜的"百菜百味"，这大概算缘由之一吧。一种就一种，用得好，也还是多少有豆瓣香的。问题是那一缸豆瓣，在一堆调味品的缸缸罐罐中，就大大气气地敞放着。餐馆上客的时候，当然该敞着，做一个菜，揭一次盖，那是自讨苦吃或者装疯迷窍。但是，问厨师，说一直都那么敞着，讲究点的，晚上会加一个纱罩，怕喜欢川菜的苍蝇蟑螂之类，夜深人静，与人同乐。餐馆买豆瓣，基本都是大桶的，舀一大缸出来，也就够用几天吧，就几天，敞着会坏吗？当然不会，它只会散气。

四川话里，做事没劲了，就叫散气；另外，气息涣散，没了韵味，也叫散气。豆瓣里的许多微生物是厌氧的，长时间暴露在空气中，自然奄奄一息。而且，豆瓣所含的许多香味物质是挥发性的，没有盖子封着，它们当然要自由自在地飞翔了。飞到哪里去了，鬼才知道，反正不会飞到锅里菜里。有疑似懂得豆瓣酿造工艺的厨师反驳我说，传统豆瓣不就是要"翻晒露"吗？那怎么怕空气？世上不怕不懂，就怕疑似懂。的确，豆瓣酿造过程中，前期需要50天左右的晾晒，让光热充分进入，加快豆瓣的熟化；入缸以后，也需要在晴天翻缸、敞露，但那是豆瓣的发酵还没有基本完成；翻、晒、露的时间非常讲究，大多时间是要加盖的，让豆瓣酱处在半密封状态，而且那是一大缸豆瓣，足够的数量和体积保证菌群与各种鲜香物质自我构成了相对稳定的系统。用大白话说，堆头大，耗得起。脱离了大部队的散兵游勇，是没有战斗力的。

一直敞放的豆瓣，香味成几何倍数消减。更要命的是，厌氧的菌群会陆续死亡，有害菌类会趁乱滋生，豆瓣内部每分钟都在发生肉眼看不见的腐败变质，大量的鲜味物质牺牲在入菜之前。很多时候，厨师用的是已死或者半死的豆瓣了。还想吃得到浓郁醇厚的酱脂酱辣香，看来我是多想了。

其实，不是我们的厨师懒到加个盖子都不愿意，而是因为我们不知道，保持食物的稳定与平衡，是厨艺的本道。

肆

也许有人会说，你弯来绕去絮叨半天，不就是"豆瓣酱用了要密封"一句话的事情吗？但于我而言，知其然，还要知其所以然，这是厨师做菜明理的本道。一些厨师之所以会把菜做死，究其根本，就是因为不知道事情背后的为什么。好菜，往往是食材对知它者的报答。对于一个做菜的人，如何保存、保留食物，在它最好的状态合理使用，有时候甚至比做菜的手艺更重要。或者说，这本身就是手艺的一部分。我在很多餐馆吃到的菜，经常都那些一酱百菜的厨师，要么是厨神，要么就是厨混混。厨神嘛，妙手生花，点石成金，化腐朽为神奇，死鸭子都能做成天鹅肉，何况只用一种豆瓣做菜，不用都能有豆瓣香。

是半死不活的食材做出来的。子曰：不时不食。说的是不到吃饭的时候，或者不当令的食材，他老人家是不吃的。我觉得还应该加上，食材状态不是最好的时候，也不该吃。只是加上这一条，可以吃的馆子就没几家了。

那些一酱百菜的厨师，要么是厨神，要么就是厨混混。厨神嘛，妙手生花，点石成金，化腐朽为神奇，死鸭子都能做成天鹅肉，何况只用一种豆瓣做菜，不用都能有豆瓣香。可惜，我缘浅福薄，至今没有见过。至于厨混混，我倒是见过一些。一罐豆瓣，回锅肉是它，麻婆豆腐是它，豆瓣鱼也是它，水煮、红烧、干烧、爆炒……通通是它。对于这种大师般的化繁为简——其中，还真有拿了烹饪大师牌牌的，我经常无言以对。

回锅肉要突出酱脂香，所以，三年左右的陈年豆瓣，酱香才够沉厚浓郁，炒出来的香味弥漫而不浮散。麻婆豆腐是川菜麻辣经典，但所取之辣，主为酱辣，辣味醇厚饱满，不燥不烈，才能烘托出豆腐的嫩鲜。如单用三年左右的老豆瓣，厚则厚也，滋味却暮气沉沉，少了辣香的激扬热烈。如单用一年左右的新熟豆瓣，辣意盎然了，底味后味却单薄无余。因此，新老豆瓣合用，才烧得出辣劲足、酱香浓的豆腐；而做豆瓣蘸料或者粉蒸鱼块必需的酥豆瓣，因用料不多，却又要在滋味中强调豆瓣之香，那就要三年以上的特级豆瓣。充分酱化的辣椒鲜香醇浓，蚕豆瓣子香脆而绵化细腻，油性足，酱脂香丰厚，可谓一将抵千兵，尽显豆瓣的风味精髓。

我见过一些馆子，满脑子盘算着低成本、高利润的老板，给厨师用的几乎全是二级豆瓣或者红油豆瓣。对于他们，叫豆瓣，是豆瓣，这难道还不够吗？至于许多要用到豆瓣的经典川菜，需得发酵时间足够的豆瓣，才能表达菜品的味正、味厚、酱脂酱辣浓郁鲜明的风味，他们可能觉得，这重要吗？100个人中，有几个吃得出来？我们是大众川菜，是为大多数人服务的。于是，在他们那里，大众川菜等于低廉，而低廉又等于低劣。

与之相反，一些自谓高端精致的餐厅，凡用豆瓣，动辄一级特级，他们坚信豆瓣越老越好，高端食材等于高品质菜肴，当然，高得离谱的价位也就顺理成章了。殊不知，凡发酵食品，年份越久越好，本就是一个误导。豆瓣三年以后，内发酵变得非常缓慢，到了六七年，辣椒和蚕豆瓣子几乎全部粉酱化，除了用来显摆，基本不能入菜了。更殊不知的是，川菜中许多菜肴，反而就是需要发酵时间较短的豆瓣。这样的豆瓣已经具有了酱脂香风味，但是又还保留着辣椒的一部分鲜辣感，味层虽然轻薄了一些，却正适合需要突出清鲜辣感的菜品。例如豆瓣鱼，老豆瓣酱味太重，会含糊鱼鲜。所以，知味的厨师，不仅豆瓣要用发酵三到六个月的新豆瓣，还要用三分之一的泡椒来补充辣鲜感。遗憾的是，现在做豆瓣的厂家，没有研发选取高品质蚕豆和辣椒，只生产中轻度发酵的专用豆瓣。时间短的，价格就低，而用的食材，自然也就不言而喻了。

伍

　　曾经在一个自称做菜手艺不错的远房朋友家，看他炒回锅肉，肉片在底油中炒散之后，他舀了半勺郫县豆瓣，一边告诉我"回锅肉关键是要放豆瓣，而且，要老豆瓣"，一边把半勺豆瓣直接倒在肉片上，然后，貌似手法娴熟地让豆瓣均匀地与肉片亲密接触了。我忍不住说，豆瓣最好剁细，先用底油焖出色香，再与肉片和炒。他诧异地反问："有必要吗？"他只知道我是写诗的，不知道我还业余研学川菜。其实，有很多人——其中包括许多非川渝地区的和川渝地区非专业的厨师，豆瓣买回来，就是这样一勺一坨，直接下锅的。炒回锅肉，因为锅中油多，还能激出豆瓣的部分色香来，但是做麻婆豆腐，做红烧肥肠或牛肉之类，他们就直接放进汤里。于是，以"川菜之魂"名扬天下的郫县豆瓣，除了给菜加了些咸味和辣味以外，还有的就是因长期发酵，闷在豆瓣里的怪味了。有很多尝试过用郫县豆瓣调味的人，特别是川渝之外的人，用过后就再也不买不用了。他们说，加进去，闷臭闷臭的，难闻，不好吃。所以，多少年过去了，郫县豆瓣的生意也没有随着川菜红遍八方而火爆起来，想来原因之一该是还有很多人，不知道怎么用豆瓣。

　　在豆瓣的外包装上，加一行字：剁细后，先用热油炒香，再与其他调料或食材混合。这么简单的一件事，过去很多年，生产豆瓣的厂家坚决不做，我也不明白这是为什么。我最近看到，鹃城牌的有些产品，终于在外包装的食用说明中加上了"将适量豆瓣经热油炒香，烹饪各种菜肴"。这么一句。但我还是不明白，为什么不肯再多加三个字："剁细后"。这三个字，对豆瓣之用，至关要紧。没有现剁细碎，入菜之后，辣椒节皮、蚕豆瓣

绝大部分鲜香物质还内含在块状的辣椒与瓣状的蚕豆中。它等待打开、激发、释放，需要油的脂香和热力，溶解并增强压抑在豆瓣里的独特之香。

依然整块混杂于菜中，影响菜品的色相还是小事，不注意与食材混合入口，破坏口感与风味，就败了吃兴。更重要的是，没有现剁细碎，辣椒皮和蚕豆瓣里的深香如何激出？豆瓣发酵后，辣椒和蚕豆的确已经熟化，但蕴藉的酱辣酱香，仍然是沉积的、内敛的。绝大部分鲜香物质还内含在块状的辣椒与瓣状的蚕豆中。它等待打开、激发、释放，需要油的脂香和热力，溶解并增强压抑在豆瓣里的独特之香。对于我，这是一个简单的手法，更是一种食物和烹艺的美学。饱满与丰厚，需得散发与张扬。就像懂酒的，白酒也要醒发。收发张弛，阴阳交错与转化，贯穿了川菜的烹饪之道。

现在，一些豆瓣厂家好像终于回过神来，他们也许想，豆瓣不是要剁细后更好吗？还加使用说明干什么？直接剁细了卖，岂不更加爽快？于是，市面上便有了一罐一罐已经用机器均匀剁细的豆瓣酱。我在叹服他们的聪明时，忍不住还是要在聪明二字前，加一个"小"。包装上加个使用说明，的确就是一个简单的事情，但是做菜前，豆瓣需要剁细再用，并不是把豆瓣剁细灌装再卖就可以这么简单解决。提前剁细，豆瓣久蕴的香味就已经开始散发，保香存鲜的活力也随日衰减。灌装密封期间，还能留些时日，一旦打开，已经细碎的豆瓣酱，不用多久就会香销魂散，风味尽失。还有厂家，不仅剁细了，还干脆帮我们用油先炒了，看起来细润红亮，品相诱人。难道做了百年豆瓣还不知道，豆瓣醇厚浓郁的酱辣之香，靠的就是蓄积已久的突然爆发，就是那一瞬间在热锅滚油里豁然展开？你先给我们炒好了，我们做菜的时候，还炒不炒？再炒，豆瓣酥煳，苦味泛出；不炒，冷油冷酱放进去，豆瓣之妙，十不出一，还香吗？

从郫县豆瓣自己定味于酱香，忽略了酵化的酱辣在天下众辣中的风味独绝，到至今仍然没有不同辣度香度的辣椒，定向研发生产不同菜肴风味所需的专用豆瓣酱，再到想当然地剁细炒好再卖，深刻而巨大地影响了现代川菜发展的郫县豆瓣酱，尚有如此多的迷惑与缺失，由此可想，仅有百余年的现代川菜，还有多少奇妙的隐秘和绝妙的风景，等待我们去发现，去呈现，甚至，去创造。相对于其他已经基本成熟固化的菜系，川菜恰恰因还有很多缺漏和空白，就还有很多很大的空间，让当今川菜人的身手，有用武之地。

卷
六
酱
辣
篇

豆瓣的酥散

豆瓣酱的味感味相，本来是沉厚绵醇的。

三千川菜，辣品八百，原椒、泡椒、红油、豆瓣，川菜调辣的四大金刚中，豆瓣酱以其独有的辣之润、香、厚、醇，百年以来，为川菜镇守住一大菜系的江山龙脉。能把豆瓣酱醇厚的酱辣之香用到得心应手，当然已是厨之大者。但尽于此，也只是本分而已。天下事，物极必反，只懂得豆瓣的厚、润、醇，不懂厚以薄出，正中见奇，就还是一个循规蹈矩的匠人。

犹如干辣椒要到煳辣才极尽辣之大香，蕴藉含蓄的豆瓣酱，也要隐厚藏润，到了酥散，才能在自我扬弃的哲学之变中，尽显酱香酱辣之奇。君子一怒，方见其刚；豆瓣至酥，始得其妙。百年川菜始终以独特的技艺和味道美学，表达着中国饮食的文化深思，寓言着做人做事的守变之道。对于内敛温厚的豆瓣酱，酥豆瓣就是它奇香张扬的尖峰时刻。

做酥豆瓣，定要发酵一年以上的老豆瓣为好。正是陈年豆瓣足够的厚味，才能保证炒酥之后，其香不妖不薄；也正是陈年豆瓣足够的油润，才能在酥散之后，不是干焦燥煳，而是香味浓烈而丰厚。还有蚕豆瓣在长期酵变酱化后，酱香饱满，即使酥散了，酱味依然充分，而且更容易在油炒中起酥。酥豆瓣是对豆瓣酱厚润的逆反，却偏偏要够厚够润的豆瓣，才能酥而香浓，散而不焦。正如绝大部分对传统富有价值的改变和创新，往往来自传统的深厚。无正大，难出新奇，这似乎也是酥豆瓣的意味深长。

老豆瓣剁细，菜籽油先用姜葱炼香，不要再加香料，以免扰乱酥豆瓣醇浓的酱辣之香。油香之后，捡去姜葱，改为小火，油温降至四成热，放入剁细的豆瓣，慢火细炒，慢慢炒干水分，再慢慢炒散炒酥。炒得好的酥豆瓣，酱子充分散酥，却没有一点焦煳。三分油气，七分干酥，色泽金黄透红，浓郁的酥香中仍然蕴含着酱香的厚醇。这时的豆瓣之香，是内敛的，又是外放的；是温厚的，又是尖锐的。唯有这样的酥豆瓣，才彻底彰显出辣椒酱化后，虽然收敛锋芒，化去辛燥，魂魄之中却依然烈性不失的辣之风骨。

这样的酥豆瓣，保留几分油润，加香葱花、花椒面，以少量汤汁调和，是川菜连锅子、炖蹄花或炖排骨等许多肉类炖品不二的蘸水。这样的酥豆瓣，炒到更加干酥时，加花椒面、豆腐乳酱汁、醪糟酒，调入米粉中，是川菜经典粉蒸鲶鱼风味绝佳的秘器。这样的酥豆瓣，再与面酱或麻酱合炒，制成酱汁，浇淋或者满铺于煨肘或红烧牛蹄之上，以酱之酥香配肉之糯香，豆瓣风光独好，酱辣香酥一绝。这样的酥豆瓣，炒至完全酥细，加椒盐和之，代替干辣椒面做烧烤或串串蘸食的干碟，入口酱酥香浓，辣意爽快，回味时，方知川菜大味至简，妙味至纯。

豆瓣酱虽然是川菜辣型菜品的调味之魂，但突出豆瓣特有之酱香酱辣的菜式却非常少。酥豆瓣，是豆瓣奇香的高光表现，如平常微言简语、大智如愚者突然警言惊世。遗憾的是，至今万千川厨中，善用豆瓣的良厨本就不多，而知用、善用酥豆瓣的，凤毛麟角也。深厚凝成锋锐，方正需得奇出。川菜的辽阔江山中，谁以豆瓣之酥，写给我又一段辣之风流？

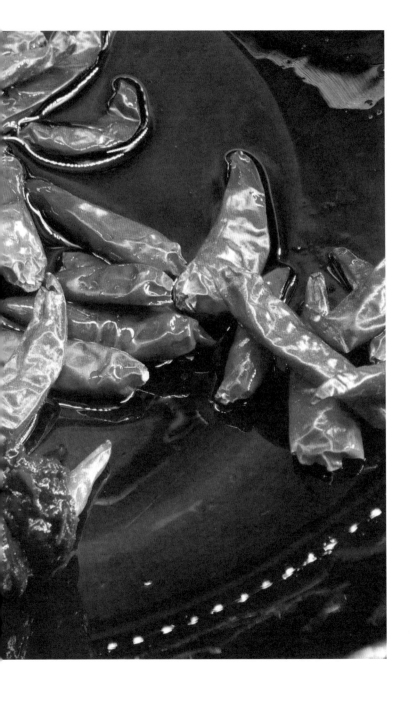